1580242814

中华人民共和国国家标准

洁净厂房施工及质量验收规范

Code of construction and quality acceptance of industrial cleanroom

GB 51110-2015

主编部门：中华人民共和国工业和信息化部
批准部门：中华人民共和国住房和城乡建设部
施行日期：２０１６年２月１日

中国计划出版社

2015 北 京

中华人民共和国国家标准
洁净厂房施工及质量验收规范
GB 51110-2015

☆

中国计划出版社出版发行

网址：www.jhpress.com

地址：北京市西城区木樨地北里甲11号国宏大厦C座3层

邮政编码：100038　电话：(010)63906433（发行部）

北京市科星印刷有限责任公司印刷

850mm×1168mm　1/32　6.5印张　164千字

2016年1月第1版　2023年4月第4次印刷

☆

统一书号：1580242·814

定价：39.00元

版权所有　侵权必究

侵权举报电话：(010)63906404

如有印装质量问题，请寄本社出版部调换

中华人民共和国住房和城乡建设部公告

第 819 号

住房城乡建设部关于发布国家标准 《洁净厂房施工及质量验收规范》的公告

现批准《洁净厂房施工及质量验收规范》为国家标准,编号为 GB 51110—2015,自 2016 年 2 月 1 日起实施。其中,第 4.5.6、5.3.4(6)、5.4.9(2、3)、6.2.5(1)、6.2.9、6.2.10、6.3.4、6.3.5、6.3.6、7.1.3、7.1.5、7.3.1、7.7.3、7.8.2(1、2)、9.4.4(1、2)条(款)为强制性条文,必须严格执行。

本规范由我部标准定额研究所组织中国计划出版社出版发行。

中华人民共和国住房和城乡建设部
2015 年 5 月 11 日

前　言

本规范是根据原建设部《关于印发〈2005年工程建设标准规范制订、修改计划(第二批)〉的通知》(建标函〔2005〕124号)的要求,由中国电子工程设计院、工业和信息化部电子工业标准化研究院电子工程标准定额站会同有关单位共同编制完成。

本规范在编制过程中,编制组结合我国洁净厂房施工验收的实际情况,进行了广泛的调查研究,收集整理国内外在洁净厂房施工验收方面的标准和相关资料,认真总结多年来洁净厂房施工验收的经验,广泛征求了国内有关单位的意见,最后经审查定稿。

本规范共分14章和4个附录,主要内容包括总则,术语、缩略语,基本规定,建筑装饰装修,净化空调系统,排风及废气处理,配管工程,消防、安全设施安装,电气设施安装,微振控制设施施工,噪声控制设施安装,特种设施安装,生产设备安装,验收等。

本规范中以黑体字标志的条文为强制性条文,必须严格执行。

本规范由住房和城乡建设部负责管理和对强制性条文的解释,由工业和信息化部负责日常管理,由中国电子工程设计院负责具体技术内容的解释。本规范在执行过程中,请各单位注意结合工程实践,认真总结经验,积累资料,如发现需要修改或补充之处,请将有关意见、建议和相关资料寄交中国电子工程设计院(地址:北京市海淀区西四环北路160号玲珑天地九层,邮政编码:100142,传真:010-88193999),以便今后修订时参考。

本规范主编单位、参编单位、主要起草人和主要审查人:

主 编 单 位: 中国电子工程设计院

工业和信息化部电子工业标准化研究院电子工程标准定额站

参编单位：中国电子系统工程第二建设有限公司
中国石化集团上海工程有限公司
中国建筑科学研究院空气调节研究所
世源科技工程有限公司
江苏苏净集团有限公司苏净空调净化工程有限公司
五洲大气社工程有限公司
中国电子系统工程第四建设有限公司
中国电子系统工程第三建设有限公司
上海科信检测科技有限公司
南京百科净化工程有限公司
主要起草人：陈霖新　侯忆　缪德骅　秦学礼　张利群
李锦生　晁阳　史天平　肖红梅　陈骝
宁敏捷　彭定志　杨丽敏　张彦国　姜伟康
吴应应　陈思源　万铜良　杜宝强　吴东
熊墨臣　陈伟　潘汝奇　赖联兴　李新丰
主要审查人：涂光备　王唯国　黄广连　张耀良　王福国
刘建勋　腾久品　华为群　吕信宏　王建
陆小安　姜道才　杨小华　纪丽君　项琼

目 录

1 总 则 …………………………………………（ 1 ）
2 术语、缩略语 …………………………………（ 2 ）
  2.1 术语 …………………………………………（ 2 ）
  2.2 缩略语 ………………………………………（ 3 ）
3 基本规定 ………………………………………（ 4 ）
4 建筑装饰装修 …………………………………（ 5 ）
  4.1 一般规定 ……………………………………（ 5 ）
  4.2 墙、柱、顶涂装工程 ………………………（ 6 ）
  4.3 地面涂装工程 ………………………………（ 8 ）
  4.4 高架地板 ……………………………………（ 10 ）
  4.5 吊顶工程 ……………………………………（ 11 ）
  4.6 墙体工程 ……………………………………（ 14 ）
  4.7 门窗安装工程 ………………………………（ 16 ）
5 净化空调系统 …………………………………（ 19 ）
  5.1 一般规定 ……………………………………（ 19 ）
  5.2 风管及部件 …………………………………（ 19 ）
  5.3 风管系统安装 ………………………………（ 23 ）
  5.4 净化空调设备安装 …………………………（ 25 ）
  5.5 系统调试 ……………………………………（ 30 ）
6 排风及废气处理 ………………………………（ 33 ）
  6.1 一般规定 ……………………………………（ 33 ）
  6.2 风管、附件 …………………………………（ 33 ）
  6.3 排风系统安装 ………………………………（ 36 ）
  6.4 废气处理设备安装 …………………………（ 39 ）

· 1 ·

	6.5 系统调试	(41)
7	配管工程	(44)
	7.1 一般规定	(44)
	7.2 碳素钢管道安装	(45)
	7.3 不锈钢管道安装	(47)
	7.4 BA/EP 不锈钢管道安装	(49)
	7.5 PP/PE 管道安装	(50)
	7.6 PVDF 管道安装	(53)
	7.7 PVC 管道安装	(55)
	7.8 配管检验和试验	(57)
8	消防、安全设施安装	(59)
	8.1 一般规定	(59)
	8.2 管线安装	(59)
	8.3 消防、安全设备安装	(60)
9	电气设施安装	(63)
	9.1 一般规定	(63)
	9.2 电气线路安装	(63)
	9.3 电气设备安装	(64)
	9.4 防雷及接地设施安装	(66)
10	微振控制设施施工	(68)
	10.1 一般规定	(68)
	10.2 微振控制设施施工	(68)
11	噪声控制设施安装	(70)
	11.1 一般规定	(70)
	11.2 噪声控制设施安装	(70)
12	特种设施安装	(72)
	12.1 一般规定	(72)
	12.2 高纯气体、特种气体供应设施安装	(72)
	12.3 纯水供应设施安装	(75)

　12.4 化学品供应设施安装 …………………………………… (77)
13 生产设备安装 ……………………………………………… (80)
　13.1 一般规定 …………………………………………………… (80)
　13.2 设备安装 …………………………………………………… (80)
　13.3 二次配管配线 ……………………………………………… (82)
14 验　　收 …………………………………………………… (84)
　14.1 一般规定 …………………………………………………… (84)
　14.2 洁净厂房的测试 …………………………………………… (84)
　14.3 竣工验收 …………………………………………………… (88)
　14.4 性能验收 …………………………………………………… (89)
　14.5 使用验收 …………………………………………………… (90)
附录 A　洁净厂房主要施工程序 ……………………………… (92)
附录 B　测试项目的选择和实施顺序 ………………………… (94)
附录 C　测试方法 ……………………………………………… (98)
附录 D　工程质量验收记录用表 ……………………………… (110)
本规范用词说明 ………………………………………………… (118)
引用标准名录 …………………………………………………… (119)
附：条文说明 …………………………………………………… (121)

Contents

1 General provisions (1)
2 Terms and abbreviations (2)
    2.1 Terms (2)
    2.2 Abbreviations (3)
3 Basic requirements (4)
4 Building finishing and decoration (5)
    4.1 General requirements (5)
    4.2 Finishing of walls, columns and ceilings (6)
    4.3 Flooring (8)
    4.4 Raised floor (10)
    4.5 Suspended ceiling (11)
    4.6 Wall (14)
    4.7 Doors and windows (16)
5 Air-purification and air-conditioning systems (19)
    5.1 General Requirements (19)
    5.2 Air-ducts and components (19)
    5.3 Installation of air-ducting system (23)
    5.4 Installation of air-purification and air-conditioning units (25)
    5.5 Final system adjustment (30)
6 Exhaust and waste gas treatment (33)
    6.1 General requirements (33)
    6.2 Duct accessories (33)
    6.3 Installation of exhaust and waste gas treatment units (36)
    6.4 Exhaust gas treatment equipment and installation (39)

6.5	Final system adjustment	(41)
7	Pipework	(44)
7.1	General requirements	(44)
7.2	Installation of carbon steel piping	(45)
7.3	Installation of ordinary S.S. piping	(47)
7.4	Installation of BA/EP S.S. piping	(49)
7.5	Installation of PP/PE piping	(50)
7.6	Installation of PVDF piping	(53)
7.7	Installation of PC piping	(55)
7.8	Pipework installation and testing	(57)
8	Installation of fire protection and safety facilities	(59)
8.1	General requirements	(59)
8.2	Installation of piping	(59)
8.3	Installation of fire prevention and safety units	(60)
9	Installation of electrical facilities	(63)
9.1	General requirements	(63)
9.2	Installation of electrical lines	(63)
9.3	Installation of electrical units	(64)
9.4	Installation of against lightning and grounding units	(66)
10	Construction of micro-vibration control facilities	(68)
10.1	General requirements	(68)
10.2	Construction of micro-vibration control facilities	(68)
11	Installation of noise control units	(70)
11.1	General requirements	(70)
11.2	Installation of noise control units	(70)
12	Installation of special facilities	(72)
12.1	General requirements	(72)
12.2	Installation of high-pure gases and special gases supply facilities	(72)

12.3	Installation of pure water supply facilities	(75)
12.4	Installation of chemicals supply facilities	(77)
13	Installation of process equipment	(80)
13.1	General requirements	(80)
13.2	Installation of process equipment	(80)
13.3	Secondary pipeling	(82)
14	Project acceptance check	(84)
14.1	General requirements	(84)
14.2	Industrial cleanroom testing	(84)
14.3	Construction approval	(88)
14.4	Functions approval	(89)
14.5	Operations approval	(90)
Appendix A	Overall procedures for industrial cleanroom construction	(92)
Appendix B	Selection and implementation order of testitems	(94)
Appendix C	Testing methods	(98)
Appendix D	Forms for recording project quality acceptance check	(110)
Explanation of wording in this code		(118)
List of quoted standards		(119)
Addition:Explanation of provisions		(121)

1 总　　则

1.0.1 为了加强洁净厂房工程的施工及质量管理,确保工程质量,统一洁净厂房的工程质量及验收要求,制定本规范。

1.0.2 本规范适用于新建、改建和扩建的工业洁净厂房的施工及质量验收。

1.0.3 本规范中的施工质量验收应与现行国家标准《建筑工程施工质量验收统一标准》GB 50300 配套使用。

1.0.4 洁净厂房的施工及质量验收除应符合本规范外,尚应符合国家现行有关标准的规定。

2 术语、缩略语

2.1 术　　语

2.0.1 洁净厂房　industrial cleanroom
对用于产品生产的洁净室与相关受控环境以及为其服务的动力公用设施的总称。

2.0.2 洁净度等级　classification
洁净室（区）内悬浮粒子洁净度的水平。给出规定粒径粒子的最大允许浓度，用每立方米空气中的粒子数量表示。

2.0.3 漏风量　air system leakage ratio
风管系统中，在某一静压下通过风管、附件及其接口，在单位时间内泄漏或渗入的空气体积量。

2.0.4 漏光检测　air leak cheek with lighting
采用强光源对风管的咬口、接缝、法兰及其连接处进行透光检查，确定孔洞、缝隙等渗漏部位及数量的方法。

2.0.5 特种气体　special gas
指电子产品生产过程中使用的硅烷、磷烷、乙硼烷、砷烷、四氯化硅、氯气等具有可燃、有毒、腐蚀或窒息等特性的气体。

2.0.6 化学品　chemical
指产品生产过程中使用的酸、碱、有机溶剂、有机物质和氧化物等。

2.0.7 配管　piping
洁净厂房中，用以输送、分配工艺用水、纯水、各类气体、化学品等的管路系统的管子、附件、管件、法兰、螺栓连接件、垫片、阀门和其他组成件的组装总成。

2.0.8 射线照相检验　radiographic examination

对指定的一批配管的全部环向对接焊缝所做的全圆周射线检验和对纵焊缝所做的全长度射线检验。

2.2 缩略语

2.2.1 PVC(polyvinyl chloride)　　聚氯乙烯

2.2.2 BA(bright annealing pipe)　　光亮低碳不锈钢管

2.2.3 EP(electro-polished pipe)　　电化学抛光低碳不锈钢管

2.2.4 PP(polypropylene)　　聚丙烯

2.2.5 PE(polyethylene)　　聚乙烯

2.2.6 PVDF(polyvinylidenefluoride)　　聚偏氟乙烯

3 基本规定

3.0.1 洁净厂房施工前应根据具体工程项目的特点,制订施工方案和程序,并应做到各工种协调施工、阶段明确、交接清楚,同时应确保整体施工质量和安全操作。洁净厂房的总体施工程序可按本规范附录 A 执行。

3.0.2 对洁净厂房工程内各专业设计图纸进行深化施工详图设计时,应符合现行国家标准《洁净厂房设计规范》GB 50073 的有关规定,并应加强设计质量管理,施工详图应得到原设计单位的书面同意或确认。

3.0.3 洁净厂房工程的隐蔽工程,隐蔽前应经过验收。

3.0.4 分项工程检验批质量验收合格应符合下列规定:

    1 应具有完整的施工作业依据、质量检查记录;

    2 主控项目的质量检验应全部合格;

    3 一般项目的质量检验,合格率不得低于 80%。

4 建筑装饰装修

4.1 一般规定

4.1.1 洁净厂房装饰装修工程进行施工详图设计时,应包括下列内容:
  1 室内装饰装修技术要求;
  2 吊顶、墙体用金属壁板模数选择;
  3 吊顶、隔墙、门窗、送回风口、灯具、报警器、设备留洞、管线留洞、特殊留洞等设施的综合布置和气密性节点图;
  4 门窗构造和节点图、金属壁板安装节点图。

4.1.2 洁净厂房装修工程还应符合现行国家标准《建筑内部装修防火施工及验收规范》GB 50354、《建筑装饰装修工程质量验收规范》GB 50210 的有关规定。

4.1.3 洁净厂房装饰装修工程的材料选择应符合下列规定:
  1 应满足项目施工图设计要求;
  2 应满足防火、保温、隔热、防静电、隔振、降噪等要求;
  3 应确保洁净室气密性要求,材料表面不应产尘、不吸附微粒、不积尘;
  4 应采用不霉变、防水、可清洗、易清洁和不挥发分子污染物的材料;
  5 应满足产品质量、生产工艺的特殊要求,并不得释放对人员健康及产品质量有害的物质。

4.1.4 洁净厂房装饰装修工程的施工应在厂房主体结构和屋面工程完成并验收合格后进行。对现有建筑进行洁净室装饰装修时,应对现场环境、现有设施等进行清理与清洁,并应在达到洁净施工要求后再进行施工。

4.1.5 洁净厂房装饰装修工程施工过程应对施工现场进行封闭管理,并应对进出人员、设备和材料等进行洁净管制。

4.1.6 洁净厂房装饰装修工程施工时的环境温度不宜低于5℃。低温施工时,对有温度要求和影响的施工作业应采取保温措施。

4.1.7 装饰装修工程施工过程应保持施工现场清洁,对隐蔽空间应做好清扫与清洁记录。

4.1.8 洁净厂房装修工程施工过程应保护已完成的装饰装修工程表面,不得因撞击敲打、踩踏等造成表面凹陷、破损和表面装饰的污染。

4.2 墙、柱、顶涂装工程

4.2.1 本节适用于水性、溶剂型以及防尘、防霉涂料的涂装工程的施工和验收。

4.2.2 洁净厂房涂装工程的检验批应按同类涂料涂饰面积每300m²～500m²划分为一个检验批,不足300m²也应划分为一个检验批。

4.2.3 基层状况的确认应符合下列规定:

　1 基层养护应达到设计要求;

　2 基层表面平整度、垂直度及阴阳角应符合设计要求;

　3 基底应坚实、牢固,不得出现蜂窝、麻面、空鼓、粉化、裂缝等现象;

　4 新建筑应将建筑物表面建筑残留物清理干净,并用砂纸打磨;旧墙面在施工前应将疏松部分清理干净,并应涂界面剂后再补平;

　5 当基层使用腻子找平时,应符合设计要求和现行行业标准《建筑室内用腻子》JG/T 298的有关规定。

Ⅰ 主控项目

4.2.4 涂装工程所用涂料的品种、型号和性能应符合设计要求。

检查数量:全数检查。

检验方法:检查产品出厂证明、生产批次、合格证书、性能检测报告和进场验收记录。

4.2.5 涂装基层应符合下列规定:

1 当在混凝土或抹灰基层上施工时,含水率应符合下列规定:

　　1)溶剂型涂料时,基层含水率不宜大于8%;

　　2)水性涂料时,基层含水率不宜大于10%。

2 抹灰基层施工应涂刷均匀、粘结牢固,不得漏涂、起皮、起泡、流坠和有裂缝等。

检查数量:每检验批面积的30%。

检验方法:观察、手摸检查,抽检分析。

4.2.6 涂装工程应符合下列规定:

1 涂料颜色应符合设计要求;

2 水性涂料涂装工程施工不宜在阴雨天施工,环境温度应控制在10℃～35℃;

3 涂装前应确认基层已硬化、干燥,并应符合本规范第4.2.5条的规定;

4 涂装层应涂饰均匀、粘结牢固,不得漏涂、透底、起皮、起泡和有裂缝。

检查数量:每检验批面积的30%。

检验方法:观察检查,手摸检查,检查施工记录。

4.2.7 涂装层与门窗、高效过滤器、灯具、管线等之间的衔接处应符合下列规定:

1 衔接处的接缝间隙不得大于0.5mm;

2 应按设计要求进行密封处理;

3 接缝的密封表面应平整、光滑。

检查数量:全数检查。

检验方法:观察检查、尺量。

Ⅱ 一般项目

4.2.8 涂装层质量应符合下列规定：
1 颜色应均匀一致；
2 应无砂眼、无刷纹，不得有咬色、流坠、泛碱、疙瘩；
3 装饰线、分色线的直线度允许偏差不得大于 1mm。
检查数量：全数检查。
检验方法：观察检查、尺量。

4.2.9 涂装层与其他装修衔接处应吻合，并应界面清晰。
检查数量：全数检查。
检验方法：观察检查。

4.3 地面涂装工程

4.3.1 本节适用于水性涂料、溶剂型涂料以及防尘、防霉涂料地面的施工验收。

4.3.2 基层状况的确认应符合下列规定：
1 基层的养护应达到设计要求；
2 基层上的水泥、油污等残留物应清理干净；
3 当基层为建筑物的最底层时，应做好防水层；
4 基层表面的尘土、油污、残留物等应清除干净，并应用磨光机、钢丝刷全面打磨、修补找平，同时应用吸尘器清除灰尘；
5 对于旧地面为油漆、树脂及 PVC 地面清除时，应将基层表面打磨干净，并应用腻子或水泥等修补找平。

4.3.3 当有防静电要求时，应符合现行国家标准《防静电工程施工与质量验收规范》GB 50944 的有关规定。

Ⅰ 主控项目

4.3.4 基层表面应符合下列规定：
1 当基底表面为混凝土类时，其表面应坚硬、干燥，不得有蜂窝、麻面、粉化、脱皮、龟裂、起壳等现象，且应平整、光滑；
2 当基层为瓷砖、水磨石、钢板时，相邻板块高差不应大于

1.0mm。板块不得有松动、裂缝等现象。

检查数量：抽查30％，做施工记录。

检验方法：观察检查、尺量。

4.3.5 面层的结合层应按下列规定进行涂装：

1 涂装区域的上空及周围不得有产尘作业，并应采取防尘措施；

2 涂料的混合应按规定的配合比计量，并应充分搅拌均匀；

3 涂料厚薄应均匀，不得漏涂或出现涂后泛白等现象；

4 与设备、墙体结合处不得将涂料粘到墙、设备等处。

检查数量：每检验批面积的30％。

检验方法：观察、抽查化验。

4.3.6 面层涂装应符合下列规定：

1 涂装层的厚度、性能应符合设计要求，厚度偏差不得大于0.2mm。

2 面层涂装应待结合层晾干后进行。

3 面层施工环境温度应控制在5℃～35℃。

4 每次配料应在规定时间内用完，并应做好记录。

5 面层施工宜一次完成；分次施工时，应做到接缝少，并应设置于隐蔽处；接缝应平整、光滑，不得分色、露底。

6 表面应无裂纹、鼓泡、分层、麻点等现象。

7 防静电地面的体积电阻和表面电阻应符合设计要求。

检查数量：每检验批面积的30％。

检验方法：观察检查、尺量，核查施工记录。

4.3.7 地面涂装用材料应具有防霉、防水、易清洗、耐磨、发尘少、不积尘和对产品质量无害的性能。

检查数量：全数检查。

检验方法：检查产品合格证、说明书，并做好进场验收记录。

Ⅱ 一般项目

4.3.8 涂装颜色应符合设计要求，并应色泽均匀、无色差、无花纹。

检查数量:全数检查。

检验方法:观察检查。

4.3.9 踢脚板与墙面应平齐,阴、阳角宜为圆角。

检查数量:每检验批的30%。

检验方法:观察检查。

4.4 高架地板

4.4.1 高架地板及其支撑结构应符合设计和承重要求。安装前应检查出厂合格证和复核荷载检验报告,每种规格均应具有相应的检验报告。

4.4.2 铺设高架地板的建筑地面应符合下列规定:

 1 地面标高应符合设计要求;

 2 地面表层应平整、光洁、不起尘,含水率不应大于8%,并应按设计要求涂刷涂料。

4.4.3 高架地板的面层和支承件应平整、坚实,并应具有耐磨、防霉变、防潮、难燃或不燃、耐污染、耐老化、导静电、耐酸碱等性能。

4.4.4 对有防静电要求的高架地板,安装前应核查产品出厂证明、合格证和防静电性能测试报告。

Ⅰ 主控项目

4.4.5 对有通风要求的高架地板,面层上的开孔率和开孔分布、孔径或边长等均应符合设计要求。

检查数量:每种规格抽查不少于5%,且不少于3块。

检验方法:观察、尺量和计算,并核查产品合格证。

4.4.6 高架地板支撑立杆与建筑地面的连接或粘结应牢固可靠。支撑立杆下部的连接金属构件应符合设计要求,固定螺栓的外露丝扣不得少于3扣。

检查数量:按连接点数抽查20%,且不少于10点。

检验方法:观察和小锤敲击检查。

Ⅱ 一般项目

4.4.7 高架地板面层铺设允许偏差应符合表 4.4.7 的规定。

检查数量:按铺设面积的 20% 检查,且不得少于 $5m^2$。

表 4.4.7 高架地板面层铺设允许偏差(mm)

项 目	允许偏差		检验方法
	铸铝合金地板	钢、复合地板	
面层表面平整	1.0	2.0	2m靠尺和楔形塞尺检查
面层接缝高低差	0.4	0.5	钢尺和楔形塞尺检查
面层板块间隙宽度	0.3	0.4	钢尺检查
面层水平方向累计误差	±10		经纬仪或测距仪检查

4.4.8 高架地板施工前应认真放线,正确选择标高基准点和标出地板块安装位置、高度。

检查数量:全数检查。

检验方法:现场查看放线结果,检查施工记录。

4.4.9 高架地板安装后行走应无摆动、无声响,牢固性应好。高架地板面层应平整、清洁,板块接缝应横平竖直。

检查数量:全数检查。

检验方法:现场行走和观察检查。

4.4.10 高架地板边角位置板块的安装应根据实际情况进行切割后镶补,并应设可调支撑和横杆,切割边与墙体交接处应用柔软的不产尘材料填缝。

检查数量:全数检查。

检验方法:观察检查。

4.5 吊顶工程

4.5.1 吊顶工程施工前应对下列隐蔽工程进行验收、交接:

1 吊顶内各类管道、功能设施和设备的安装工程;

2 龙骨、吊杆和预埋件等的安装,包括防火、防腐、防霉变、防尘处理;

3 其他与吊顶相关的隐蔽工程。

4.5.2 吊顶工程的检验批应按洁净室(区)面积 500m² 划分为一个检验批,不足 500m² 也应划分为一个检验批。

4.5.3 安装龙骨前,应按设计要求对房间净高、洞口标高和吊顶内管道、设备及其他支架的标高等办理工序交接手续。

4.5.4 吊顶工程中的预埋件、钢筋吊杆和型钢吊杆应进行防锈或防腐处理;当吊顶上部作为静压箱时,预埋件与楼板或墙体的衔接处均应进行密封处理。支、吊架应采取防尘处理。

4.5.5 吊顶工程验收时应检查下列文件和记录:

1 吊顶工程施工详图、设计及施工说明和相关产品合格证、性能检测报告和进场验收记录;

2 隐蔽工程验收记录;

3 施工记录。

Ⅰ 主控项目

4.5.6 吊顶的固定和吊挂件应与主体结构相连;不得与设备支架和管线支架连接;吊顶的吊挂件不得用作管线支、吊架或设备的支、吊架。

检查数量:全数检查。

检验方法:观察检查。

4.5.7 空气过滤器、灯具、烟感探测器、扬声器和各类管线穿吊顶处的洞口周围应平整、严密、清洁,并应用不燃材料封堵。隐蔽工程的检修口周边应采用密封垫密封。

检查数量:全数检查。

检验方法:观察检查。

4.5.8 吊顶的标高、尺寸、起拱、板间缝隙应符合设计要求。板间缝隙应一致,每条板间缝隙误差不得大于 0.5mm;并应以密封胶均匀密封,同时应做到平整、光滑、略低于板面,不得有间断和杂质。

检查数量：每检验批检查30%。

检验方法：观察、尺量，水平仪测试。

4.5.9 吊顶饰面的材质、品种、规格等应符合设计要求，并应对产品性能进行核对。

检查数量：按批检查。

检验方法：观察检查，检查产品合格证书、性能检测报告、进场验收记录。

4.5.10 吊杆间距宜小于1.5m。吊杆与主龙骨端部距离不得大于300mm。

检查数量：每检验批检查20%。

检验方法：观察、尺量。

Ⅱ 一 般 项 目

4.5.11 吊杆、龙骨和饰面板的安装应安全、牢固。

检查数量：每检验批检查20%。

检验方法：观察、手扳检查，检查隐蔽工程验收记录和施工记录。

4.5.12 吊杆、龙骨的材质、规格及连接方式应符合设计要求。金属吊杆、龙骨应进行表面防腐处理。

检查数量：每检验批检查20%。

检验方法：尺量、观察，检查产品合格证书、性能检测报告、进场验收记录。

4.5.13 吊顶饰面表面应清洁、光滑、色泽一致，不得有翘曲、裂纹和缺损；并不得发生霉变，不应产尘。

检查数量：每检验批检查20%。

检验方法：观察检查。

4.5.14 金属吊杆、龙骨的接缝应均匀一致，角缝应吻合，表面应平整，并应无翘曲、锤印。

检查数量：每检验批检查20%。

检验方法：观察检查。

4.5.15 吊顶工程安装的允许偏差和检验方法应符合表4.5.15的规定。

检查数量：按每一个检验批抽查30%。

表4.5.15 吊顶工程安装的允许偏差和检验方法

项次	项目	允许偏差(mm)		检验方法
		金属板	石膏板	
1	表面平整度	1.0~2.0	3.0	用2m靠尺和塞尺检查或水平仪检查
2	接缝平直度	1.0~1.5	3.0	拉5m线，不足5m拉通线，用钢直尺检查或经纬仪检查
3	接缝高低差	0.5~1.0	1.0	用钢尺和塞尺检查

4.6 墙体工程

4.6.1 本节适用于洁净室（区）内板材隔墙、复合轻质墙板、金属夹芯板等墙体工程的施工和验收。

4.6.2 墙体工程施工前应进行下列验收和交接：
  1 与墙体工程相关管线、设施的安装工程；
  2 龙骨、预埋件等的防火、防腐、防尘、防霉变处理。

4.6.3 墙体工程验收时，应检查下列文件和记录：
  1 墙体工程的施工详图、设计及施工说明和相关产品合格证、性能检验报告和进场验收记录等；
  2 隐蔽工程验收记录；
  3 施工记录。

4.6.4 墙体工程的检验批应按洁净室（区）面积500m^2划分为一个检验批，不足500m^2时也应划分为一个检验批。

Ⅰ 主控项目

4.6.5 墙体材料的品种、规格、性能、填充用材等均应符合设计要求。

检查数量:全数检查。

检验方法:观察,检查产品合格证书、性能检验报告和进场验收记录。

4.6.6 金属壁板安装前应按施工图进行放线。墙角应垂直交接,壁板垂直度偏差不得大于 0.15%。

检查数量:全数检查。

检验方法:观察检查,激光水平仪检查。

4.6.7 墙体面板接缝间隙应一致,每条面板缝间隙误差不得大于 0.5mm,并应在正压面以密封胶均匀密封,密封胶应平整、光滑,并应略低于板面,不得有间断、杂质。

检查数量:按每一检验批的 30% 检查。

检验方法:观察检查,尺量,水平仪测试。

4.6.8 墙体面板上的电气接线盒、控制面板和管线穿越处的各种洞口应位置正确、边缘整齐、严密、清洁、不产尘,并应以不燃材料封堵。

检查数量:全数检查。

检验方法:观察检查。

4.6.9 安装门窗的预留洞口应符合设计要求,并应平整、严密、清洁、不产尘。

检查数量:全数检查。

检验方法:观察检查,尺量。

Ⅱ 一般项目

4.6.10 隔墙板材安装应牢固,预埋件、连接件的位置、数量、规格、连接方法和防静电方式应符合设计要求。

检查数量:按每一检验批的 30% 检查。

检验方法:观察检查,手扳检查,尺量。

4.6.11 墙体板材安装应垂直、平整,位置应正确;与吊顶板和相关墙体板的交接处应采取防开裂措施,其接缝应进行密封处理。

拐角处宜采用圆角。

检查数量:全数检查。

检验方法:观察检查,尺量。

4.6.12 墙体表面应平整、光滑、色泽一致,金属壁板的面膜撕膜前应完好无损。

检查数量:按每一检验批的30%检查。

检验方法:观察检查。

4.6.13 墙体板材安装的允许偏差和检验方法应符合表4.6.13的规定。

检查数量:按每一个检验批抽查30%。

表4.6.13 墙体板材安装的允许偏差和检验方法

项次	项目	允许偏差(mm)		检验方法
		金属夹芯板	其他复合板	
1	立面垂直度	≤1.5	2.0	用2m垂直检测尺检查
2	表面平整度	≤1.5	2.0	用2m靠尺和塞尺检查
3	接缝高低差	1.0	1.5	用钢尺和塞尺检查

4.7 门窗安装工程

4.7.1 门窗安装前,应对门窗洞口或副框尺寸进行检验,并应符合设计要求。

4.7.2 门窗工程验收时应检查下列文件:

1 门窗工程的施工图、设计或施工说明和其他相关文件;

2 门窗的产品质量认证、门窗及主要制作材料的合格证书、性能检验报告,进场验收记录;

3 门窗固定件的隐蔽工程验收记录;

4 门窗密闭性检测报告(空气洁净度1级~5级洁净室)。

4.7.3 洁净室门窗工程的检验批,应按每50樘为一个检验批,不足50樘也应划分为一个检验批。

Ⅰ 主控项目

4.7.4 洁净室门窗的品种、类型、规格、构造、型材厚度、尺寸、安装位置、连接方式和附件、防腐处理以及气密性均应符合设计要求。

检查数量：按每一检验批的30%检查。

检验方法：观察检查、尺量，检查产品(材料)合格证书、性能检验报告、进场验收记录和施工验收记录。

4.7.5 门窗表面应不发尘、不霉变、不吸附污染物、易清洁和消毒、平整、光滑，门窗上玻璃均应为固定型。

检查数量：按每一检验批的30%检查。

检验方法：观察检查。

4.7.6 门窗边框、副框的安装应牢固，预埋件、连接件的数量、规格、位置、埋设或连接方式等均应符合设计要求。

检查数量：按每一检验批的30%检查。

检验方法：观察检查。

4.7.7 门窗边框与墙体应连接牢固。门窗边框、副框与墙体之间的缝隙应均匀，并不得超过1mm。缝隙应以密封材料填嵌和密封胶密封。

检查数量：按每一检验批的30%检查。

检验方法：观察检查、尺量。

4.7.8 洁净室门配件的型号、规格、数量应符合设计要求，并应牢固、表面光滑、不积尘、易清洁和消毒。

检查数量：按每一检验批的30%检查。

检验方法：观察检查。

Ⅱ 一般项目

4.7.9 门窗表面应色泽一致，并应无锈蚀、无划痕和碰伤。保护层或薄膜应连续。

检查数量：按每一检验批的30%检查。

检验方法：观察检查。

4.7.10 门扇应安装牢固,并应开关灵活、关闭严密。

检查数量:按每一检验批的30%检查。

检验方法:观察检查。

4.7.11 门窗安装的允许偏差和检验方法应符合表4.7.11的规定。

检查数量:按每一检验批的30%检查。

表4.7.11 门窗安装的允许偏差和检验方法

项次	项目		允许偏差(mm)	检验方法
1	门窗槽口宽度、高度(mm)	≤1500	1.5	用钢尺检查
		>1500	2.0	
2	门窗槽口对角线长度差(mm)	≤2000	3.0	用钢尺检查
		>2000	4.0	
3	门窗框的正、侧面垂直度		2.5	用垂直检测尺检查
4	门窗横框的水平度		2.0	用1m水平尺和塞尺检查
5	门窗横框标高		5.0	用钢尺检查
6	门窗竖向偏离中心		5.0	用钢尺检查

5 净化空调系统

5.1 一般规定

5.1.1 洁净厂房净化空调系统的施工、验收除应符合本规范的规定外,还应符合现行国家标准《通风与空调工程施工质量验收规范》GB 50243 的有关规定。

5.1.2 净化空调系统施工中使用的材料、附件和设备应符合工程设计图纸的要求,并不得产生或散发对产品生产的正常进行、产品质量和人员健康有害的物质。

5.1.3 施工中所使用的材料、附件和设备应具有产品出厂合格证等,进施工现场前应经验收,并应做好产品验收记录。

5.1.4 净化空调系统施工中的隐蔽工程应经验收和做好记录后再进行隐蔽。

5.1.5 净化空调系统的调试和试运转应在洁净室(区)建筑装饰装修验收合格和各种管线吹扫及试压等工序完成后进行。

5.2 风管及部件

5.2.1 风管、附件的制作、质量验收还应符合现行国家标准《通风与空调工程施工质量验收规范》GB 50243 中有关高压风管系统和中压风管系统的规定。

5.2.2 风管、附件制作质量的验收应按工程设计图纸与本规范的规定实施。当工程项目选择外购时,应具有产品合格证书和相应的质量检验报告。

5.2.3 净化空调系统风管的材质应按工程设计文件的要求选择,工程设计无要求时,宜采用镀锌钢板。当产品生产工艺要求或环境条件必须采用非金属风管时,应采用不燃材料或 B1 级难燃材料,并应表面光滑、平整、不产尘、不霉变。

Ⅰ 主控项目

5.2.4 净化空调系统的风管制作应符合下列规定:

1 矩形风管边长小于或等于900mm时,底面板不得采用拼接;大于900mm的矩形风管,不得采用横向拼接。

2 风管所用的螺栓、螺母、垫圈和铆钉均应采用与管材性能相适应,且不产生电化学腐蚀的材料;不得采用抽芯铆钉。

3 风管内表面应平整、光滑,不得在风管内设加固框及加固筋。

4 风管无法兰连接时不得使用S形插条、直角形插条及联合角形插条等形式。

5 空气洁净度等级为1级~5级的净化空调系统风管不得采用按扣式咬口。

6 镀锌钢板风管不得有镀锌层严重损坏的现象。

7 风管法兰的螺栓及铆钉孔的间距,当空气洁净度等级为1级~5级时,不应大于80mm;6级~9级时,不应大于100mm。

8 矩形风管边长大于1000mm时,不得采用无加固措施的薄钢板法兰风管。

检查数量:按规格批抽查20%。
检验方法:尺量、观察检查。

5.2.5 风管现场制作、清洗和存放应符合下列规定:

1 风管在现场制作时,应选择具有防雨篷和有围挡的场所,并应保持现场清洁。

2 风管的咬口缝、折边和铆接等处有损伤时,应进行防腐处理。

3 风管制作后,应进行清洗。清洗液应能有效去除污物、油渍等,并不得对人体健康和材质有危害。

4 风管经清洁水二次清洗达到清洁要求后,应及时对风管端部封口,应存放在清洁的房间内,并应避免积尘、受潮和变形。

检查数量:按规格批抽查20%。

检验方法:擦拭、观察检查。

5.2.6 风管清洗后,应以漏光法进行风管制作质量检查。漏光检测除应按现行国家标准《通风与空调工程施工质量验收规范》GB 50243的有关规定执行外,还应符合下列规定:

  1 宜在夜间进行;

  2 检测所用的机具、工具应绝缘良好,并应设漏电保护;外表面应清洁干净、无油污、无尘、无破损现象。

检查数量:按规格批抽查20%,且不得少于15m。

检验方法:观察检查,无漏光为合格。

5.2.7 风管应通过强度和严密性试验,应符合设计要求,并应符合下列规定:

  1 风管的强度应能满足1.5倍工作压力下,接缝处应无开裂;

  2 风管的允许漏风量和漏风量测试方法应按现行国家标准《通风与空调工程施工质量验收规范》GB 50243的有关规定执行。

检查数量:按规格批抽查20%,且不得少于15m。

检验方法:仪器检验、观察检查或检查产品的合格证明文件和测试报告。

5.2.8 静压箱的制作应符合下列规定:

  1 静压箱本体、箱内固定高效过滤器的框架及固定件应进行镀锌或镀镍或喷涂或烤漆等防腐处理;

  2 外壳应牢固、气密性好,其强度和漏风量应符合本规范第5.2.7条的规定。

检查数量:抽查30%,且每类不得少于2台。

检验方法:观察检查,仪器检查。

5.2.9 净化空调系统的各类风阀,其活动件、固定件以及紧固件应采用镀锌或进行其他防腐处理;阀体与外界相通的缝隙处应采取密封措施。

检查数量:抽查 30%,且每类不得少于 3 件。
检验方法:观察检查。

Ⅱ 一般项目

5.2.10 金属风管的制作应符合下列规定:

1 风管制作质量、允许偏差、焊缝质量和风管连接等的要求应符合现行国家标准《通风与空调工程施工质量验收规范》GB 50243 的有关规定;

2 风管的咬口缝、法兰翻边不得有裂缝或孔洞,出现微小裂缝或孔洞时,应在密封面的正压侧涂密封胶;

3 风管与附件连接处应严密,有缝隙时,应在密封面的正压侧涂密封胶;

4 镀锌钢板风管加工过程中出现镀层损坏或发现针孔、麻点、起皮等缺陷时,应刷防锈涂料 2 层以上。

检查数量:抽查规格批的 20%,且不得少于 5 件。
检验方法:观察检查、尺量、查验施工记录。

5.2.11 矩形风管边长大于或等于 800mm 或管段长度大于或等于 1250mm 时,应采取风管加固措施,并应符合现行国家标准《通风和空调工程施工质量验收规范》GB 50243 的有关规定。

检查数量:按规格批抽查 20%,且不得少于 5 件。
检验方法:尺量、观察检查。

5.2.12 净化空调系统应设测试孔和清洁检查门。检查门内表面应平整、光滑,并应启闭灵活、关闭严密,与风管的连接处应采取密封措施,其密封垫料宜采用成型密封胶带或软橡胶条制作。

检查数量:抽查 30%。
检验方法:观察检查。

5.2.13 柔性短管应符合下列规定:

1 应选用不产尘、不易霉变、内表面光滑、不透气、防潮、防腐的柔性材料制作;

2 柔性短管长度不宜超过 250mm,其连接处应牢固、气密性好；

3 柔性短管不得作为风管的找正、找平的异形连接管段。

检查数量：抽查30％。

检验方法：尺量、观察检查。

5.3 风管系统安装

5.3.1 净化空调系统风管的安装，应在其安装部位的地面已施工完成，且室内具有防尘措施的条件下进行。

5.3.2 风管系统安装后，应进行系统的严密性试验，并应经验收合格后再进行风管保温等工序。

5.3.3 风管系统的支、吊架应与建筑围护结构牢固连接，当采用膨胀螺栓固定时，应符合相应技术文件的规定。支、吊架应进行防腐处理。

Ⅰ 主 控 项 目

5.3.4 净化空调系统风管及其附件的安装应符合下列规定：

1 安装就位前应擦拭干净，并应做到无油污、无浮尘。

2 在施工过程中发生停顿或施工完成时，应将风管端口封堵。

3 法兰垫片应选用不产尘、不易老化、不透气和具有一定弹性的材料，垫片厚度宜为5mm～8mm。

4 法兰垫片不得采用直缝对接方式；不得在垫片上涂刷涂料，在接缝处可采用密封胶。

5 风管穿过洁净室（区）吊顶、隔墙等围护结构时，应采取密封措施。

6 风管内严禁其他管线穿越。

检查数量：全数检查。

检验方法：观察检查、尺量。

5.3.5 洁净室（区）内风口安装应符合下列规定：

1 安装前应擦拭干净，并应做到无油污、无浮尘等；

2 与风管的连接应牢固、严密；
　　3 与吊顶、墙壁装饰面应紧贴，并应做到表面平整，接缝处应采取密封措施；
　　4 同一洁净室（区）的风口的安装位置应与照明灯具等设施协调布置，并应做到排列整齐、美观；
　　5 带高效空气过滤器的送风口应采用固定式。
　　检查数量：全数检查。
　　检验方法：观察检查、尺量。

5.3.6 风管安装后的严密性试验应符合工程设计要求，并应符合下列规定：
　　1 严密性试验应按系统分别进行，漏风量应符合现行国家标准《通风与空调工程施工质量验收规范》GB 50243 的有关规定；
　　2 净化空调系统风管的严密性试验，高压系统应按高压系统进行检测，工作压力低于 1500Pa 风管系统应按中压系统检测。
　　检查数量：高压系统全数进行检查，中压系统抽查 30%，且不少于 1 个系统。
　　检验方法：按本规范第 5.2.7 条的规定。

5.3.7 风管部件、阀门的安装应符合现行国家标准《通风与空调工程施工质量验收规范》GB 50243 的有关规定。
　　检查数量：按数量抽查 30%，且不得少于 5 件。
　　检验方法：尺量、观察检查，动作试验。

5.3.8 净化空调系统的风管均应绝热、保温，并应符合下列规定：
　　1 风管及其部件的绝热、保温应采用不燃或难燃材料，其材质、密度、规格和厚度应符合工程设计文件要求；
　　2 洁净室（区）内不得采用易产尘、霉变的材料；
　　3 绝热、保温层的施工、验收应符合现行国家标准《通风与空调工程施工质量验收规范》GB 50243 的有关规定。
　　检查数量：全数检查。
　　检验方法：观察检查、尺量，样品送检或查验产品合格证和进场记录。

Ⅱ 一般项目

5.3.9 风管的连接、安装偏差以及支、吊架的安装等应符合现行国家标准《通风与空调工程施工质量验收规范》GB 50243 的有关规定。

检查数量:按数量抽查 20%。

检验方法:尺量、观察检查。

5.3.10 净化空调系统经清洗、密封的风管、附件安装时,打开端口封膜后应即时连接;当必须暂时停顿安装时,应将端口重新密封。

检查数量:全数检查。

检验方法:查验安装记录。

5.3.11 风管绝热保温层外表面应平整、密封、无松弛现象。洁净室(区)内的风管有保温要求时,保温层外表面应光滑、不积尘、不吸尘,并应易于擦拭,接缝处应以密封胶密封。

检查数量:全数检查。

检验方法:观察检查。

5.4 净化空调设备安装

5.4.1 净化空调设备应有齐全的随机文件,应包括装箱清单、说明书、产品质量合格证书、性能检测报告和必要的图纸等,进口设备还应有商检文件等。

5.4.2 设备安装前,应在建设单位和有关方的参加下进行开箱检查,并应做好开箱或验收记录。

5.4.3 设备的搬运、就位应符合下列规定:

  1 设备的搬运、吊装应符合产品说明书的有关要求,并应做好相关保护工作;

  2 设备就位前,应对其安装场所和设备基础进行核对、验收;

  3 设备就位、安装应符合产品说明书的要求和相关标准的规定。

Ⅰ 主控项目

5.4.4 高效空气过滤器安装前应具备下列条件：

1 洁净室（区）建筑装饰装修和配管工程施工应已完成，并应验收合格；

2 洁净室（区）应已进行全面清洁、擦净，净化空调系统应已进行擦净和连续试运转12h以上；

3 高效过滤器安装场所及相关部位应已进行清洁、擦净；

4 高效过滤器应已进行外观检查，产品质量应符合设计图纸要求和国家现行标准《空气过滤器 分级与标识》CRAA 430 的有关规定。框架、滤纸、密封胶等无变形、断裂、破损、脱落等损坏现象。

检查数量：全数检查。

检验方法：观察检查。

5.4.5 高效空气过滤器的安装应符合下列规定：

1 经外观检查合格后，应立即进行安装。

2 安装高效过滤器的框架应平整、清洁，每台过滤器的安装框架的平整度偏差不得超过1mm。

3 过滤器安装方向应正确，安装后过滤器四周和接口应严密不漏。

4 采用机械密封时，应采用气密垫密封，其厚度应为6mm～8mm，并应紧贴在过滤器边框上；安装后垫料的压缩应均匀，压缩率应为25%～50%。

5 采用液槽密封时，槽架应安装水平，并不得有渗漏现象；槽内应无污物和水分。槽内密封液高度宜为槽深的2/3，密封液的熔点宜高于50℃。

检查数量：全数检测、检漏。

检验方法：尺量、观察检查，安装后检漏测试方法应按本规范附录C执行。

5.4.6 风机过滤器机组(FFU)的安装应符合下列规定：
  1 安装前具备的条件应符合本规范第5.4.4条的要求；
  2 应在清洁环境进行外观检查，不得有变形、锈蚀、漆膜脱落、拼接板破损等现象；
  3 安装框架应平整、光滑；
  4 安装方向应正确，安装后的风机过滤器机组(FFU)应方便维修；
  5 与框架之间连接处应采取密封措施。
  检查数量：全数检测、检漏。
  检验方法：观察检查，高效过滤器安装后检漏测试方法应按本规范附录C执行。

5.4.7 洁净层流罩的安装应符合下列规定：
  1 安装前应进行外观检查，并应无变形、脱落、断裂等现象。
  2 安装应采用独立的立柱或吊杆，并应设有防晃动的固定措施，且不得利用相关设备或壁板支撑。
  3 直接安装在吊顶上的层流罩，其箱体四周与吊顶板之间应设有密封和隔振措施。
  4 垂直单向流层流罩的安装，其水平度偏差不得超过0.1‰；水平单向流层流罩的安装，其垂直度偏差应为±1mm，高度允许偏差应为±1mm。
  5 安装后，应进行不少于1.0h的连续试运转，并应检查各运转设备、部件和电气联锁功能等。
  检查数量：全数检测、检漏。
  检验方法：尺量、观察检查，高效过滤器安装后检漏测试方法应按本规范附录C执行。

5.4.8 净化空调系统空气处理机组的组装安装应符合下列规定：
  1 型号、规格、方向、功能段和技术参数应符合设计要求；
  2 各功能段之间应采取密封措施；
  3 现场组装的组合式空气处理机组安装完毕后应进行漏风

量检测,空气洁净度等级1级～5级洁净室(区)所用机组的漏风率不得超过0.6%,6级～9级不得超过1.0%,漏风率的检测方法应符合现行国家标准《组合式空调机组》GB/T 1429的有关规定;

4 内表面应平整、清洁,不得有油污、杂物、灰尘;

5 检查门的门框应平整,密封垫应符合本规范第5.2.12条的规定。

检查数量:洁净室(区)空气洁净度1级～5级所用机组全数检查,空气洁净度6级～9级抽查50%。

检验方法:尺量、观察检查。

5.4.9 净化空调系统中电加热器的安装应符合下列规定:

1 电加热器外表面应光滑不积尘,宜采用不锈钢材质;

2 电加热器前后800mm的绝热保温层应采用不燃材料,风管与电加热器连接法兰垫片应采用耐热不燃材料;

3 金属外壳应设良好接地,外露的接线柱应设安全防护罩。

检查数量:全数检查。

检验方法:观察检查,查验产品合格证和进场验收记录。

Ⅱ 一 般 项 目

5.4.10 空气吹淋室的安装应符合下列规定:

1 应按工程设计要求,正确进行空气吹淋室的测量、定位;

2 安装就位前,应进行外观检查,并应确认外形尺寸、结构部件齐全、无变形、喷头无异常或脱落等;

3 应检查空气吹淋室安装场所的地面平整、清洁,相关围护结构留洞应符合安装要求;

4 空气吹淋室与地面之间应设隔振垫,与围护结构之间应采取密封措施;

5 空气吹淋室的水平度偏差不得超过0.2%;

6 应按产品说明书相关要求,进行不少于1.0h的连续试运转。应检查各运动设备、部件和电气连锁性能等。

检查数量:全数检查。

检验方法:尺量、观察检查,查验产品合格证和进场验收记录。

5.4.11 机械式余压阀的安装应符合下列规定:
    1 应按工程设计要求,正确进行余压阀的测量、定位;
    2 安装就位前,应进行外观检查,确认结构应能正确地灵敏动作;
    3 安装就位的余压阀,其阀体、阀板的转轴允许水平偏差不得超过 0.1%;
    4 余压阀的安装应牢固,与墙体的接缝应进行可靠密封。
    检查数量:全数检查。
    检验方法:尺量、观察检查。

5.4.12 干表冷器的安装应符合下列规定:
    1 应按工程设计要求,正确进行干表冷器的测量、定位;
    2 与冷冻水供、回水管的连接应正确,且应严密不漏;
    3 换热面表面应清洁、光滑、完好。在下部宜设排水装置,冷凝水排出水封的排水应畅通。
    检查数量:抽查 30%。
    检验方法:尺量、观察检查,核查验收记录。

5.4.13 集中式真空吸尘系统的安装应符合下列规定:
    1 系统管材内壁应光滑,并应采用与其所在洁净室(区)具有相容性的材质;
    2 安装在洁净室(区)墙上的真空吸尘系统的接口应设有盖帽;
    3 真空吸尘系统的弯管半径不得少于管径的 4 倍,不得采用褶皱弯管;三通的夹角不得大于 45°;
    4 吸尘管道的敷设坡度宜大于 0.5%,并应坡向立管或吸尘点或集尘器;
    5 在吸尘管道上,应设置检查口。
    检查数量:全数检查。
    检验方法:尺量、观察检查,查验产品合格证和进场验收记录。

5.5 系统调试

5.5.1 净化空调系统的调试应包括单机试车和系统联动试运转及调试。

5.5.2 系统调试所使用的仪器仪表的性能、精度应满足测试要求,并应在标定证书有效使用期内。

5.5.3 净化空调系统的联动试运转和调试前应具备下列条件：

　　1 系统内各种设备应已进行单机试车,并验收合格；

　　2 所需供冷、供热的相关冷(热)源系统应试运转,并应已调试通过验收；

　　3 洁净室(区)的装饰装修和配管配线应已完成,并应通过单项验收；

　　4 洁净室(区)内应已进行清洁、擦拭,人员、物料进入应已按洁净程序进行；

　　5 净化空调系统应进行全面清洁,并应进行24h以上的试运转达到稳定运行；

　　6 高效空气过滤器应安装并已检漏合格。

5.5.4 净化空调系统的带冷、热源的稳定联动试运转和调试时间不得少于8h。

5.5.5 净化空调系统带冷、热源联动试运转应在空态下进行。

5.5.6 净化空调系统各种设备的单机试运转应符合现行国家标准《通风与空调工程施工质量验收规范》GB 50243 的有关规定。

Ⅰ 主控项目

5.5.7 单向流洁净室的风量、风速的调试结果应符合下列规定：

　　1 送风量测试偏差应为设计风量的±5%以内,相对标准偏差不应大于15%；

　　2 截面平均风速不应超过设计值的±5%,各检测点截面风速相对标准偏差不应大于15%。

检查数量：全数检查。

检验方法:按本规范附录 C 执行。

5.5.8 非单向流洁净室的送风量测试结果应为设计风量的±5%之内,各风口的风量相对标准偏差不应大于15%。

检查数量:全数检查。

检验方法:按本规范附录 C 执行。

5.5.9 新风量测试结果不得小于设计值,且不得超过设计值的10%。

检查数量:全数检查。

检验方法:按本规范附录 C 执行。

5.5.10 洁净室(区)内的温度、相对湿度测定结果应符合下列规定:

1 洁净室(区)内的温度、相对湿度的实测结果应满足设计要求;

2 按检测点的实测结果的平均值,偏差值应在90%以上测点的精度范围内。

检查数量:全数检查。

检验方法:按本规范附录 C 执行。

5.5.11 洁净室(区)与相邻房间和室外的静压差测试结果应符合设计要求。

检查数量:全数检查。

检验方法:按本规范附录 C 执行。

Ⅱ 一 般 项 目

5.5.12 洁净室内的气流流型的测试应确认单向流、非单向流、混合流流型,并应符合设计和性能技术要求。

检查数量:全数检查。

检验方法:示踪线法或示踪剂注入法。

5.5.13 洁净室内的气流方向测试应确认气流方向及其均匀性,并应符合设计和气流流型要求。

检查数量:按数量的30%检查。

检验方法:示踪线法或示综剂注入法。

5.5.14 净化空调系统的控制系统及其检测、监控、调节元器件、附件的实施性调试应做到动作准确、显示正确、运转稳定,控制精度等应符合设计要求。

检查数量:全数检查。

检验方法:观察检查,查验记录及相关文件。

6 排风及废气处理

6.1 一般规定

6.1.1 排风、排风系统的材料、附件和设备应符合工程设计图纸的要求。

6.1.2 施工中所使用的材料、附件和设备应具有产品出厂合格证书等,进施工现场前应经验收合格,并有质量验收记录。

6.1.3 洁净厂房中排风系统施工中的隐蔽工程,应经验收和做好记录后再进行隐蔽。

6.1.4 排风系统应按管内排风类型及其介质种类、不同浓度进行管道涂色标志,对可燃、有毒的排风应作特殊标志。管路应标明流向。

6.1.5 排风系统的调试和试运转应与洁净厂房内的净化空调系统同步进行,并应按各个独立排风、排风系统分别进行调试和试运转。

6.2 风管、附件

6.2.1 风管、附件的制作质量应符合设计图纸和本规范的规定。具体工程中选择外购时,应具有产品合格证书和相应的质量检验报告,并应包括强度和气密性试验报告。

6.2.2 风管、附件的材质应按工程设计要求选择,工程设计无要求时,应按表6.2.2选用。

表6.2.2 风管、附件材质的选用

排风类别	风管、附件材质
一般排风、热排风	镀锌钢板
酸类排风	PVC板、CPVC板、PP板、玻璃钢、涂四氟乙烯的不锈钢板等

续表6.2.2

排风类别	风管、附件材质
碱类排风、氨排风	PVC板、CPVC板、PP板、玻璃钢等
有机废气排风	不锈钢板、镀锌钢板
易燃易爆物质排风	不锈钢板、镀锌钢板
除尘系统	薄钢板

Ⅰ 主控项目

6.2.3 排风管道采用金属管道时,其材料品种、规格、性能和厚度应符合设计图纸要求,当设计无要求时,镀锌钢板、不锈钢板厚度不得小于表6.2.3的规定。

检查数量:按风管规格批抽查20%。

检验方法:尺量、观察检查,核验材料合格证明文件、性能检测报告。

表6.2.3 排风管的板材厚度(mm)

类别 风管直径 D 或长边尺寸 b(mm)	镀锌钢板		不锈钢板	除尘系统
	矩形风管	圆形风管		
$D(b) \leqslant 450$	0.6	0.5	0.5	1.5
$450 < D(b) \leqslant 630$	0.75	0.6	0.75	1.5
$630 < D(b) \leqslant 1000$	0.75	0.75	0.75	2.0
$1000 < D(b) \leqslant 1250$	1.0	1.0	1.0	2.0
$1250 < D(b) \leqslant 2000$	1.2	1.0	1.0	2.0
$2000 < D(b) \leqslant 4000$	按设计	1.2	1.2	按设计

注:1 特殊除尘系统风管厚度应符合设计要求。
    2 具有强腐蚀性的排风系统风管厚度应符合设计要求。

6.2.4 排风管道采用非金属风管时,其材料品种、规格、性能和厚度应符合设计图纸要求;当设计无要求时,非金属风管板材的厚度应符合现行国家标准《通风与空调工程施工质量验收规范》GB 50243的有关规定。

检查数量:按风管规格批抽查20%。

检验方法:尺量、观察检查,核验材料合格证明文件、性能检测报告。

6.2.5 洁净厂房中排风管道的制作应符合下列规定:

1 可燃、有毒的排风风管的密封垫料、固定材料应采用不燃材料;

2 风管所用螺栓、螺母、垫圈和铆钉均应采用与管材性能相适应,且不产生电化学腐蚀的材料;

3 镀锌钢板不得有镀锌层损坏的现象;

4 风管法兰的螺栓及铆钉孔的间距不应大于100mm,矩形风管法兰的四角部位应设有螺孔。

检查数量:全数检查。

检验方法:尺量、观察检查。

6.2.6 风管进行内外表面清洁后,应以漏光法进行风管制作质量检查。风管漏光检查宜在夜间进行;应按现行国家标准《通风与空调工程施工质量验收规范》GB 50243的有关规定执行。

检查数量:易燃、易爆及有毒排风系统全数检查,其余按风管规格批抽查20%。

检验方法:观察检查,无漏光为合格。

6.2.7 排风风管的强度试验压力应低于工作压力500Pa,但不得低于－1500Pa。接缝处应无开裂。

检查数量:易燃、易爆及有毒排风系统全数检查,其余按风管规格批抽查20%。

检验方法:仪器检查、观察检查。

6.2.8 排风系统的风阀、排风罩等部件应按工程设计或产品合格证书进行检查验收,并应符合下列规定:

1 手动风阀的手轮或扳手的调节范围及开启角度指示,应与叶片开启角度一致;

2 用于不连续工作的排风系统的风阀,关闭时应密闭;

3 排风系统关断用风阀,关闭时,泄漏率不应大于3%;

4 电动、气动的风阀,应动作准确、可靠。

检查数量:按系统抽查30%,且不得少于2个。

检验方法:核验产品合格文件、性能检测报告,观察或测试。

6.2.9 防爆、可燃、有毒排风系统的风阀制作材料必须符合设计要求。

检查数量:全数检查。

检验方法:核验材料品种、规格,观察检查。

6.2.10 防排烟阀、柔性短管应符合下列规定:

1 防排烟阀、排烟口应符合国家现行有关消防产品标准的规定,并应具有相应的产品合格证明文件;

2 防排烟系统柔性短管的制作材料必须为不燃材料。

检查数量:全数检查。

检验方法:核验产品、材料品种和合格证明,观察检查。

Ⅱ 一 般 项 目

6.2.11 排风风管、风阀、风罩等的制作质量、允许偏差、焊缝或咬口质量、风管连接和风管加固等要求,应符合现行国家标准《通风与空调工程施工质量验收规范》GB 50243的有关规定。

检查数量:分系统按规格批抽查20%,且每个系统不得少于5件。

检验方法:观察检查、尺量、查验施工记录等。

6.2.12 排风系统宜设检查孔或观察窗,必要时应设测试取样口。检查孔或观察窗与风管的连接应做到严密,不发生泄漏现象。

检查数量:分系统抽查20%,且每个系统不少于2件。

检验方法:观察检查。

6.3 排风系统安装

6.3.1 排风系统风管干管、支干管的安装宜与净化空调系统同步进行;接至排风罩、排风点的支管安装宜在洁净室(区)的围护结构完成后进行,并应采取防尘措施。

6.3.2 排风系统的支(吊)架应进行防腐处理,并应与建筑物结构牢固连接。

6.3.3 排风系统全部安装完成后,应分系统进行严密性试验,并应在验收合格后再进行管内清洁和外表面处理。

Ⅰ 主 控 项 目

6.3.4 排风风管穿过防火、防爆的墙体、顶棚或楼板时,应设防护套管,其套管钢板厚度不应小于1.6mm。防护套管应事先预埋,并应固定;风管与防护套管之间的间隙应采用不燃隔热材料封堵。

　　检查数量:全数检查。

　　检验方法:尺量、观察检查。

6.3.5 排风风管安装应符合下列规定:

　　1 输送含有可燃、易爆介质的排风风管或安装在有爆炸危险环境的风管应设有可靠接地;

　　2 排风风管穿越洁净室(区)的墙体、顶棚和地面时应设套管,并应做气密构造;

　　3 排风风管内严禁其他管线穿越;

　　4 室外排风立管的固定拉索严禁与避雷针或避雷网连接。

　　检查数量:全数检查。

　　检验方法:尺量、观察检查。

6.3.6 排风风管内气体温度高于80℃时,应按工程设计要求采取防护措施。

　　检查数量:全数检查。

　　检验方法:观察检查。

6.3.7 风管部件、阀门的安装应符合现行国家标准《通风与空调工程施工质量验收规范》GB 50243的相关规定。

　　检查数量:按数量抽查30%。

　　检验方法:尺量、观察检查、动作试验。

6.3.8 风管安装后的严密性试验应符合工程设计要求,当无要求时应符合下列规定：

    1 严密性试验，应按系统分别进行试验；

    2 排风风管系统的试验压力（P）应为 1500Pa，其允许漏风量应等于或小于 $0.0117P^{0.65}[m^3/(h·m^2)]$。

    检查数量：全数检查。

    检验方法：按现行国家标准《通风与空调工程施工质量验收规范》GB 50243 的规定。

Ⅱ 一般项目

6.3.9 排风风管的安装、风管的连接和支、吊架的安装等应符合现行国家标准《通风与空调工程施工质量验收规范》GB 50243 的相关规定。

    检查数量：按数量抽查 30%。

    检验方法：尺量、观察检查。

6.3.10 除尘系统的风管及阀门的安装应符合设计要求。风管宜垂直或倾斜敷设，并宜避免水平管敷设；除尘装置吸风管段上阀门宜安装在垂直管段上。

    检查数量：按数量抽查 30%。

    检验方法：尺量、观察检查。

6.3.11 输送含有凝结水或其他液体的排风风管宜按大于 5% 的坡度敷设，并应在最低处设排液装置。

    检查数量：按数量抽查 30%。

    检验方法：尺量、观察检查。

6.3.12 接至生产工艺设备的排风管、排风罩应按设计要求进行安装，并应做到位置正确、固定牢固。

    检查数量：按数量抽查 30%。

    检验方法：尺量、观察检查。

6.3.13 排风风管穿越屋面或外墙处应做好防水处理，不得有渗水现象。排风系统的风帽应安装牢固。

    检查数量：按数量抽查 30%。

检验方法:尺量、观察检查。

6.4 废气处理设备安装

6.4.1 排风处理设备应具有齐全的设备本体和净化材料、附件等的技术文件,应包括产品说明书、质量合格证书、性能检测报告、装箱清单和必需的图纸等,进口设备还应有商检文件等。

6.4.2 设备安装前,应进行开箱检查,并应做好开箱及其验收记录。

6.4.3 设备的搬运、吊装应符合下列规定:

    1 设备的搬运吊装应符合产品说明书的有关要求,并应做好防止设备损伤或处理性能降低的相关保护工作;

    2 大、中型设备的搬运、吊装前,应根据设备外形尺寸、重量和产品说明书要求、安全生产要求等,制订安全、可行的搬运、吊装方案。

6.4.4 设备就位前应对基础进行验收,并应合格后再安装。基础验收时应同时核对包括净化处理材料的设备重量与承载能力的一致性。

Ⅰ 主 控 项 目

6.4.5 吸附式废气处理设备的安装应符合下列规定:

    1 直接安放整体废气处理设备的基础,其表面水平度不应大于0.2‰;

    2 吸附装置本体的垂直度不应大于0.2‰;

    3 应将选定的主管口中心与安装基准线、基础面对准,其允许偏差不应大于3mm;

    4 装填吸附剂前,应对设备内部进行空气吹扫,去除杂物等;

    5 装填吸附剂前应按设备技术文件的规定,核查吸附剂的有效活性;

    6 装填、安装完成后应按设计要求进行气密性试验,试验压力宜为500Pa,保压时间应为30min,经检查应无泄漏和异常现象。

　　检查数量:全数检查。
　　检验方法:尺量、仪表检查、观察检查。

6.4.6 湿法废气处理设备的安装应符合下列规定:
　　1 洗涤塔、液体箱的基础,其表面水平度不应大于0.2%;
　　2 洗涤塔、液体箱的本体铅垂度不应大于0.1%;
　　3 设备、管路组装完毕后,应注水至工作液位,先以工作压力为500Pa的气体进行气密性试验,保压时间应为30min,经检查应无泄漏和异常现象;再以循环泵工作压力进行液体管路强度试验,保压时间应为20min,经检查应无泄漏和异常现象。
　　检查数量:全数检查。
　　检验方法:尺量、仪表检查、观察检查。

6.4.7 除尘器的安装应符合下列规定:
　　1 型号、性能参数、进出接管方向应符合设计要求;
　　2 除尘器的基础,其表面水平度不应大于0.2%,除尘器壳体垂直度不应大于0.1%;
　　3 现场组装的除尘器应作漏风量检测,在1500Pa压力下允许漏风量应为3%;
　　4 采用过滤元件的过滤除尘装置时,应按产品说明书要求进行安装和气密性检测;
　　5 布袋除尘器、电除尘器及其辅助设备的壳体应可靠接地。
　　检查数量:全数检查。
　　检验方法:尺量、检查记录、仪表检测、观察检查。

6.4.8 转轮式废气处理设备的安装应符合下列规定:
　　1 型号、性能参数、接管位置应符合设计要求;
　　2 设备的基础,其表面水平度不应大于0.2%,垂直度不应大于0.1%;
　　3 设备的壳体应可靠接地。
　　检查数量:全数检查。

检验方法:尺量、检查记录、仪表检测、观察检查。

Ⅱ 一般项目

6.4.9 吸附式废气处理设备的安装还应符合下列规定:
 1 吸附剂装填方式、吸附剂层高、密实度等应符合设计要求;
 2 吸附剂层的支承应可靠,并应方便装卸;
 3 吸附剂层表面的水平度不应大于0.3%,各吸附剂层的高度差不应大于0.1%;
 检查数量:全数检查。
 检验方法:尺量、观察检查。

6.4.10 湿法废气处理装置的安装还应符合下列规定:
 1 喷淋器安装位置应正确,固定应牢固,喷淋均匀,且喷洒面应符合设计要求;
 2 当设备内设有换热器时,安装位置应正确,固定应可靠,换热面应清洁、完好;
 3 液位计、压力表等设备附件、配管及其阀门安装位置应正确,动作应灵活,表计指示应准确;
 4 循环泵的型号、规格和性能参数均应符合设计要求。
 检查数量:全数检查。
 检验方法:尺量、观察检查。

6.5 系统调试

6.5.1 排风与废气处理系统的试运转和调试应包括设备单机试车、系统联动试运转和调试。调试用仪器、仪表的性能参数、精度应满足测试要求,并应在标定证书有效期内。

6.5.2 排风系统的联动试运转和调试前应具备下列条件:
 1 系统内各种设备应已进行单机试车,并应验收合格;
 2 洁净室(区)的装饰装修和各类配管配线应已完成,并应通过单项验收;
 3 洁净室(区)内应已进行清洁擦拭,人员、物料的进出应已按洁净程序进行。

6.5.3 排风系统的联动试运转和调试应达到工程设计的风量、风压等性能参数,稳定连续试运转时间不应少于 4.0h。

6.5.4 排风系统调试前,施工方应编制试运转和调试方案。调试结束后,应提供完整的调试资料和报告。

Ⅰ 主控项目

6.5.5 设备单机试运转和调试应符合下列规定:

1 通风机、水泵的试运转要求应按现行国家标准《通风与空调工程施工质量验收规范》GB 50243 的有关规定执行;

2 废气处理设备的试运转和调试应按工程设计或设备技术文件要求进行,其稳定连续试运转时间不应少于 2.0h;

3 各种手动、电动风阀操作应灵活、可靠,动作应准确。

检查数量:全数检查。

检验方法:观察检查,仪器仪表检测。

6.5.6 排风系统的联动试运转和调试应符合下列规定:

1 系统总风量调试结果与设计风量的偏差不应大于±10%;

2 系统风压调试结果与设计值的偏差不应大于±10%。

检查数量:分系统抽查 40%,且不得少于 2 个系统。

检验方法:观察检查,仪器仪表检测,核查调试记录。

6.5.7 防排烟系统联合试运转与调试应符合现行国家标准《通风与空调工程施工质量验收规范》GB 50243 的规定。

检查数量:分系统抽查 40%,且不得少于 2 个系统。

检验方法:观察检查,仪器仪表检测,核查调试记录。

Ⅱ 一般项目

6.5.8 排风与废气处理系统试运转和调试的初始压力降、噪声不应超过工程设计和产品说明书要求。

检查数量:全数检查。

检验方法:观察检查,核查试运转记录。

6.5.9 排风系统的联动试运转和调试还应符合下列规定:

1 试运转中设备和阀门、主要附件的动作应符合设计要求,并应做到正确和无异常现象;
2 各排风系统的风量应进行平衡调整,各风口或风罩的风量与设计风量的允许偏差不应大于10%;
3 与排风系统相关的供气、供排水系统运行应正常。

检查数量:分系统抽查30%。

检验方法:观察检查,核查调试记录。

7 配 管 工 程

7.1 一 般 规 定

7.1.1 本章适用于洁净厂房内设计压力不大于1MPa,设计温度不超过材料允许使用温度的碳钢管道、不锈钢管道、工程塑料管道等配管工程的施工安装质量验收。

7.1.2 管道的施工安装应符合下列规定：

1 与配管工程相关的土建工程应已检验验收合格,并应满足安装要求,同时应已办理交接手续。

2 施工安装应按工程设计文件进行。

3 配管工程使用的材料、附件、设备等应已检验合格,并应有相应的产品出厂合格证书等。规格、型号及性能等应符合设计要求。

4 管子、管件、阀门等内部应已清理干净,并应无杂物。对管子内表面有特殊要求的管道,其质量应符合设计文件要求,安装前应已进行处理,并应经检验合格。

7.1.3 阀门安装前,应对下列管道的阀门逐个进行压力试验和严密性试验,不合格者不得使用：

1 输送可燃流体、有毒流体管道的阀门；

2 输送高纯气体、高纯水管道的阀门；

3 输送特种气体、化学品管道的阀门。

7.1.4 除本规范第7.1.3条规定范围外的各类流体管道的阀门安装前,应从每批中抽查20%,且不得少于2个进行壳体压力试验和严密性试验。当不合格时,应加倍抽查,仍不合格时,该批阀门不得使用。

7.1.5 管道穿越洁净室(区)墙体、吊顶、楼板和特殊构造时应符合下列规定：
　　1　管道穿越伸缩缝、抗震缝、沉降缝时应采用柔性连接；
　　2　管道穿越墙体、吊顶、楼板时应设置套管，套管与管道之间的间隙应采用不易产尘的不燃材料密封填实；
　　3　管道接口、焊缝不得设在套管内。

7.1.6　安装于洁净室（区）的管道，支、吊架材料应采用不易生锈、产尘的材料，外表面应光滑、易于清洁。

7.1.7　配管上的阀门、法兰、焊缝和各种连接件的设置应便于检修，并不得紧贴墙体、吊顶、地面、楼板或管架。对易燃、易爆、有毒、有害流体管道、高纯介质管道和有特殊要求管道的阀门、连接件，应按设计图纸设置。

7.1.8　有静电接地要求的管道，各段管子间应导电，当管道法兰或螺纹连接处电阻值超过 0.03Ω 时，应设导线跨接。管道系统的对地电阻值超过 100Ω 时，应设两处接地引线。

7.2　碳素钢管道安装

7.2.1　管道预制宜按工程设计图、管道系统单线图进行，并应现场实测核对后加工。自由管段和封闭管段的加工允许偏差应符合现行国家标准《工业金属管道工程施工规范》GB 50235 的有关规定。

7.2.2　预制完毕的管段应按输送物料种类、设计图纸要求将管内、外清理干净，并应及时进行管口包覆。

Ⅰ　主控项目

7.2.3　管子切割，管子公称直径小于或等于 100mm 时，应采用机械或气割切割；公称直径大于 100mm 时，应采用气割切割。

　　切口表面应平整，无裂纹、毛刺、凸凹、熔渣、氧化物等，切口端面倾斜偏差不应大于管子外径的 1.0%，且不得超过 2mm。

　　检查数量：按数量抽查不得少于 20%，且不得少于一个系统。
　　检验方法：核查施工记录或观察检查、尺量。

7.2.4 弯管制作、管道安装的焊缝位置和坡口应符合现行国家标准《工业金属管道工程施工规范》GB 50235 的相关规定

检查数量：不得少于20%，且不得少于2处（件）。

检验方法：核查施工记录或尺量、观察检查。

7.2.5 管道安装应符合下列规定：

1 管道连接法兰密封面及密封垫片，不得有划痕、斑点、破损等缺陷。

2 连接法兰应与管道同心，并应保证螺丝自由穿入。法兰对接应保持平行，其偏差不得大于法兰外径的1.5‰，且不得大于2mm。

3 管道连接时，不得采用强力对口、加偏垫、加多层垫等方法来消除接口端面的空隙、偏斜、错口或不同心等缺陷。

检查数量：按数量抽查不得少于20%，并不得少于2对。

检验方法：核查施工记录或观察检查、尺量。

Ⅱ 一般项目

7.2.6 碳素钢管的连接应符合设计要求。设计无要求时，无缝钢管应采用焊接；镀锌钢管管径小于或等于100mm时，宜采用丝扣连接，管径大于100mm时宜采用法兰或卡箍钩槽连接。

检查数量：每个系统抽查20%。

检验方法：观察检查、尺量。

7.2.7 管道安装用垫片应符合下列规定：

1 当大直径垫片需要拼接时，不得平口对接，宜采用斜口槽接；

2 软垫片的周边应整齐、清洁，其尺寸应与法兰密封面相符，软垫片尺寸允许偏差应符合表7.2.7的要求。

表 7.2.7 软垫片尺寸允许偏差（mm）

法兰密封面形式 公称直径	平面型		凸凹型	
	内径	外径	内径	外径
<100	+2.5	-2.0	+2.0	-1.5
≥100	+3.0	-3.0	+3.0	-3.0

检查数量：按数量抽查 20%，且不得少于 5 件。
检验方法：尺量、观察检查。

7.2.8 管道安装的允许偏差应符合下列规定：

　　1 管道坐标位置的允许偏差为±15mm。

　　2 管道安装高度的允许偏差为±15mm。

　　3 水平管道平直度的允许偏差，对公称直径小于或等于 100mm 时，应小于有效管长的 0.2%，最大不应超过 50mm；公称直径大于 100mm 时，应小于有效管长的 0.3%，最大不应超过 80mm。

　　4 立管垂直度的允许偏差为有效管长的 0.3%，最大不应超过 30mm。

　　5 共架敷设管道时，管道间距的允许偏差应小于 10mm；交叉管道的外壁或保温层间距的允许偏差应小于 15mm。

检查数量：按系统抽查 20%，且不得少于 5 处。
检验方法：仪器检测、尺量。

7.2.9 管道系统的阀门、补偿器和支吊架的安装，应符合现行国家标准《工业金属管道工程施工规范》GB 50235 的相关规定。

检查数量：按系统分类抽查 20%，且不得少于 5 件。
检验方法：尺量、观察检查。

7.3 不锈钢管道安装

7.3.1 管道安装作业不连续时，应采用洁净物品对所有的管口进行封闭处理。

Ⅰ　主 控 项 目

7.3.2 管材切割宜采用机械割管刀或不锈钢带锯或等离子法进行切割。切口表面应平整、光洁，端面倾斜偏差不应大于管子外径的 5%，且不得超过 1mm。

检查数量：按数量抽查 20%，且不得少于一个系统。
检验方法：核查施工记录或观察检查、尺量。

7.3.3 不锈钢管的焊接,应符合下列规定:

1 焊缝位置、坡口加工应符合现行国家标准《工业金属管道工程施工规范》GB 50235 的有关规定;

2 不锈钢管的焊接应采用手工氩弧焊,焊接时管道内应充氩气进行管内保护,焊接接头应为全焊透结构;

3 管子或管件、阀门组对时,应做到内壁平齐,对口错边量不得超过壁厚的 10%,且不应大于 2mm;

4 焊接前焊缝处应将油污处理干净,焊接后,焊接接头表面应进行处理。

检查数量:按数量抽查 20%,至少抽查一个系统。

检验方法:核查施工记录或尺量、观察检查。

7.3.4 不锈钢管道采用法兰连接时,法兰紧固螺栓应采用不锈钢材质;法兰垫片宜采用金属垫片或氯离子含量不超过 50×10^{-6} 的非金属垫片。

检查数量:全数检查。

检验方法:观察检查、产品合格证。

7.3.5 不锈钢管不得直接与碳素钢支架、管卡接触,应以塑料或橡胶垫片隔离,或采用氯离子含量不超过 50×10^{-6} 的非金属垫片。法兰螺栓应采用不锈钢材质,垫片应采用氯离子含量不超过 50×10^{-6} 的非金属垫片。

检查数量:按数量抽查 30%,且不得少于一个系统。

检验方法:观察检查、产品合格证。

Ⅱ 一般项目

7.3.6 管材、管件、阀门内、外表面不得有明显划痕或锈斑,其规格、型号和性能应符合设计文件的规定。

检查数量:按数量抽查 30%,且不得少于一个系统。

检验方法:观察检查、核查验收记录。

7.3.7 管道分支宜采用三通连接,干管与支管相差 2 个管径及以上时,可采用等离子切割机或专用机械开口。采用等离子切割机开口时,应有避免或减少高温碎渣飞溅至管内的措施。

  检查数量:按数量抽查30%,且不得少于一个系统。

  检验方法:观察检查、核查验收记录。

7.4 BA/EP不锈钢管道安装

7.4.1 BA/EP不锈钢管的预制、安装作业应在洁净工作小室内进行,作业人员应经培训合格后上岗,作业时应着洁净工作服、手套。

7.4.2 管子、管件和阀门在预制、安装前、后或停顿工作时,应以洁净塑料袋封口;一旦发现封口袋破损时,应及时检查、处理。

  Ⅰ 主控项目

7.4.3 管子切割,直径等于或小于10mm时,宜采用割管器;直径大于10mm时,宜采用专用电锯。应以纯度为99.999%的纯氩吹净管内切口的杂物、灰尘,并应去除油污。

  检查数量:全数检查。

  检验方法:白绢布观察检查、核查施工记录。

7.4.4 管道连接宜采用卡套连接、法兰连接或焊接。采用焊接时,应符合下列规定:

  1 BA/EP管焊接应采用自动焊,焊接时管内应充纯度为99.999%的纯氩气。焊接结束应继续充纯氩吹扫、冷却。

  2 BA/EP管焊接应正确选择电极棒(钨棒)规格和焊接工艺参数。

  3 焊接前应按施工要求作出样品,并应在检验合格后再施焊。

  4 当改变焊接参数时,应按施工要求做样品,并应在检验合格后再进行焊接作业。

  检查数量:全数检查。

  检验方法:观察检查、核查施工记录。

7.4.5 管材、管件、阀门组对时,应做到内、外壁平整,对口错边不得超过壁厚的10%,且不得大于0.2mm。

　　检查数量:全数检查。

　　检验方法:水平仪、尺量。

7.4.6　BA/EP管道的点焊应采用手工氩弧焊。点焊前应将管段固定,并应检查对口合格后,充纯氩保护。点焊后应继续采用纯氩冷却、吹扫。

　　检查数量:全数检查。

　　检验方法:核查施工记录、观察检查。

Ⅱ　一　般　项　目

7.4.7　BA/EP管及管件、阀门的内、外表面应无尘、无油,表面应平整,且不得有破损、氧化现象。

　　检查数量:全数检查。

　　检验方法:观察检查。

7.4.8　每焊接完成一个焊口,应采用不锈钢刷及时清除表面氧化层。焊缝形态应均匀,不得有未焊透、未融合、气孔、咬边等缺陷。

　　检查数量:全数检查。

　　检验方法:核查施工记录、观察检查。

7.4.9　BA/EP管道连接用垫片的材质应符合设计要求或由设备、附件配带,安装前应确认垫片洁净无油、无污染物。

　　检查数量:全数检查。

　　检验方法:核查施工记录、产品说明书,观察检查。

7.4.10　BA/EP管道安装应按工程设计图顺气流方向依次进行,并应连续充纯氩吹扫、保护,管内纯氩压力应大于0.15MPa,并应直至管路系统安装结束。

　　检查数量:全数检查。

　　检验方法:核查施工记录、观察检查。

7.5　PP/PE管道安装

7.5.1　洁净厂房内PP/PE管道应采用热熔焊接法施工。

7.5.2 施工中所采用的管材、附件、焊接材料等应已验收合格,并应符合设计要求,同时应做好检查记录。

7.5.3 焊接加工或施工现场应保持清洁。焊接作业人员应经培训合格后上岗。

7.5.4 管道焊接的热熔接机应根据管道直径采用相应型号、规格的焊机,焊接操作中应保持焊机、加热板的清洁、无尘。

Ⅰ 主 控 项 目

7.5.5 管子切割宜采用专用割刀。切口端面倾斜偏差不得大于管子外径的0.5%,且不得超过1mm。

检查数量:抽查30%。

检验方法:尺量。

7.5.6 管子热熔焊接应符合下列规定:

1 对接管段应可靠固定,对接面错边不得大于管子壁厚的10%,且不应大于1mm;

2 应保持热熔焊接加热板面清洁、无尘,并应控制加热设定温度;

3 应根据不同管径,控制热熔对口压力、对接时间、冷却时间。

检查数量:抽查30%焊口。

检验方法:尺量,核查施工记录。

7.5.7 管子热熔焊缝不得低于管子表面,宜高于管子表面2mm~3mm;焊缝不得出现缺陷接口,焊缝宽度不得超过规定平均宽度的20%。

检查数量:抽查30%焊缝。

检验方法:尺量,观察检查,必要时切下管段检查。

Ⅱ 一 般 项 目

7.5.8 管子焊接切口表面应平整、无毛刺;焊缝卷边应一致、美观,并应无污物,焊接接口应平滑、清洁。

检查数量:抽查30%焊口。

检验方法：观察检查，核查施工记录。

7.5.9 管子热熔焊时的切换时间应根据管子尺寸确定，管外径小于或等于250mm时，宜小于8s；管外径大于250mm时，不宜超过12s。

检查数量：抽查30％。

检验方法：核查施工记录。

7.5.10 管子热熔焊时的加热温度应根据材质、管壁厚度等确定，PE管宜为200℃～230℃，PP管宜为195℃～205℃。

检查数量：抽查30％。

检验方法：核查施工记录。

7.5.11 管道安装时，应根据输送介质参数设置支、吊架，并应符合下列规定：

1 支、吊架形式、位置应符合工程设计要求；

2 支、吊架不应设在管子接头、焊缝处，与接头、焊缝的净距应大于5cm；

3 管道上阀门应可靠固定，宜以支架支承；支、吊架与管子之间应填入橡胶类材料。

检查数量：抽查30％。

检验方法：尺量、观察检查。

7.5.12 PE/PP管道安装后应根据用途进行试验，并应符合下列规定：

1 用于承内压的管道应进行压力试验，其试验压力应为工作压力的1.5倍，经检查以不泄漏、无异常应为合格；有严密性要求时，还应降至工作压力，保压30min，经检查不泄漏、无异常应为合格；

2 用于热流体输送时，还应进行热循环试验，以工作介质在工作温度及低于工作温度下进行温度变化的试验，应以不泄漏、无异常为合格；

3 用于常压的管道，应进行满水试验，应以不泄漏、无异常为合格。

检查数量:全数检查。

检验方法:核查试验记录或仪器仪表检查。

7.6 PVDF 管道安装

7.6.1 洁净厂房内 PVDF 管道应采用热焊接法施工。

7.6.2 施工中所采用的管材、附件等均应已验收合格,并应符合设计要求,同时应做好记录。

7.6.3 焊接加工应在洁净工作小室内进行,加工完后应在现场组装。安装施工所用机具、工具应做到无尘、无油污。

7.6.4 PVDF 管道施工作业人员应经培训合格后上岗,在作业过程应着规定的工作服或洁净服。

7.6.5 管道焊接应采用自动或半自动热焊机,并应按管壁厚等选用焊接设备型号、规格及配带的机具、工具。

7.6.6 管材、附件应密封包装,在未进行焊接加工或现场组装时,不得拆除外包装。管材、附件应平整地堆放在防雨、防晒的环境内。

Ⅰ 主控项目

7.6.7 施工现场应核查管材、管件、阀门的外观、规格尺寸、材质和出厂合格证明文件等。

检查数量:除管材按规格尺寸抽查10%外,其余全数检查。

检验方法:观察检查,尺量和核查验收记录。

7.6.8 管子切割应采用专用割刀,切口端面应平整,并应无伤痕、无毛刺。

检查数量:抽查30%。

检验方法:观察检查,核查施工记录。

7.6.9 管子热焊接应符合下列规定:

 1 管子组对错位偏差不得超过管子壁厚的10%,组对间隙应小于0.2mm;

 2 应保持热焊接加热板清洁、无尘,应控制所需的加热设定温度;

3　应根据管壁厚度,控制热焊的压力、温度和时间;
　　4　不同管壁厚度的管道、附件不得对焊。
　　检查数量:抽查30%。
　　检验方法:尺量,核查施工记录。

7.6.10　管子热焊接的焊缝应为均匀的双重焊道,双重焊道谷底应高出管子外表面,宜为管子壁厚的10%;双重焊道宽度应按管子壁厚确定,不得小于2mm。
　　检查数量:抽查30%。
　　检验方法:尺量、仪器检查,必要时切下管段检查。

7.6.11　管道安装后,应按下列规定进行强度试验、严密性试验:
　　1　以1.5倍设计压力进行强度试验,试验介质为纯水或纯度为99.999%的高纯氮气,试验时间应为3.0h,应以不泄漏、不降压为合格;
　　2　以设计压力的1.15倍进行严密性试验,试验介质为纯水或纯度为99.999%的高纯氮气,试验时间应为4.0h,应以无泄漏、压力降小于3%为合格。
　　检查数量:全数检查。
　　检验方法:核查试验记录或仪器仪表检测。

Ⅱ　一　般　项　目

7.6.12　管子热焊时的熔融时间应根据管子尺寸确定,管径为13mm～100mm时,宜为6s～30s。
　　检查数量:抽查30%。
　　检验方法:核查施工记录。

7.6.13　管道在焊接加工后,在现场安装时宜采用法兰连接,并应采用不锈钢螺栓。
　　检查数量:抽查30%。
　　检验方法:观察检查。

7.6.14　管道安装时应根据输送介质参数设置支架,并应符合下列规定:

1 固定支架和支、吊架形式、位置,应符合设计要求;

2 支、吊架不应设在管道伸缩节、接头或焊缝处,其净距应大于 8cm;

3 支、吊架与管子之间应填入橡胶类材料;

4 管道上阀门应可靠固定,应设有支架支承;

5 当设计没有规定支、吊架位置时,PVDF 管可按表 7.6.14 设置支、吊架。

表 7.6.14　PVDF 管的支吊架间距(cm)

公称直径(mm) 使用温度(℃)	13	16	20	25	30	40	50	65	75	100
40	80	90	95	100	115	130	140	155	165	185
60	75	80	90	95	110	120	130	140	155	175
80	70	75	85	90	100	115	120	130	145	165
100	65	70	80	85	95	110	115	125	135	155
120	60	65	75	80	90	100	105	115	125	145

检查数量:抽查 30%。

检验方法:尺量,观察数量。

7.7　PVC 管道安装

7.7.1　洁净厂房内 PVC 管道应采用粘接法施工。

7.7.2　施工中采用的管材、附件应为同一厂家产品,并应符合工程设计要求;粘接所使用的胶粘接剂宜配套供应,并应做好施工现场验收记录。

7.7.3　管道粘接作业场所严禁烟火;通风应良好,集中作业场所应设排风设施。

7.7.4　PVC 管材装卸、运输和堆放过程,不得抛投或激烈碰撞,应避免阳光曝晒。

Ⅰ 主 控 项 目

7.7.5 PVC管道的粘接应符合下列规定：

1 管道粘接作业场所应保持较低湿度，环境温度应高于5℃。

2 粘接前，管材、附件的承、插口表面应做到无尘、无油污、无水迹；管子端面应做坡口，其坡口高度应为2mm～3mm，并应四周均匀。

3 粘接剂涂抹，应先涂承口、后涂插口，并应重复2次～3次；涂抹应迅速、均匀、适时。

4 涂抹后应迅速粘接，插入深度达到规定值后应保持20min；承插间隙不应大于0.3mm。

检查数量：抽查30%。

检验方法：观察检查，尺量，核查施工记录。

7.7.6 管材的内外表面应光滑，并应无气泡、裂纹，管壁厚度应均匀，色泽应一致。直管段挠度不得大于1%。管件造型应规矩、光滑、无毛刺。承口应有锥度，并应与插口配套。

检查数量：抽查30%。

检验方法：观察检查，尺量，核查施工记录。

7.7.7 洁净室内PVC管道的安装应符合下列规定：

1 管材、附件搬入洁净室前应擦拭干净；

2 管材应按图纸要求下料后再搬入洁净室；若必须在洁净室内切割时，应配备吸尘设施；

检查数量：抽查30%。

检验方法：观察检查，核查施工记录。

Ⅱ 一 般 项 目

7.7.8 管道安装时，应根据输送介质及其参数设置支、吊架，并应符合下列规定：

1 支、吊架形式、位置应符合工程设计要求；

2 支、吊架与管子之间应填入软质绝缘物分隔；

3 支、吊架不应设在接头处,其与接头的净距应大于100mm。

检查数量:抽查30%。

检验方法:尺量、观察检查,核查施工记录。

7.7.9 管道安装后,应根据用途进行试验,并应符合下列规定:

1 压力试验宜用清洁水,试验压力为1.5倍管内设计压力,应保压30min不泄漏、无异常为合格;当输送介质不允许使用水进行试验时,宜采用纯度为99.99%以上的纯氮气进行压力试验,但应按规定采取防护措施,应保压10min不泄漏、无异常为合格。

2 严密性试验是在压力试验合格后,将压力降至1.1倍设计压力,应保压1.0h无压力降为合格。

检查数量:全数检查。

检验方法:核查施工记录。

7.8 配管检验和试验

7.8.1 配管工程的检验和试验应在自检合格的基础上进行,并应按管道系统、检验批或分项工程的程序进行检验和试验,同时应做好记录。

7.8.2 洁净厂房内各类金属管道的焊缝检验应符合下列规定:

1 输送剧毒流体管道的焊缝应全部进行射线照相检验,其质量不得低于Ⅱ级。

2 输送压力大于或等于0.5MPa的可燃流体、有毒流体管道的焊缝,应抽样进行射线照相检验,抽检比例不得低于管道焊缝的10%,其质量不得低于Ⅲ级。工程设计文件有抽检比例和质量规定时,应符合设计文件要求。

3 射线照相检验方法和质量分级标准应符合现行国家标准《现场设备、工业管道焊接工程施工规范》GB 50236的相关规定。

7.8.3 各类金属管道系统安装完毕,无损检验合格后,应按下列规定进行压力试验:

1 压力试验应以水为试验介质。当管道的设计压力小于或等于0.8MPa时,也可采用气体为试验介质,但应采取安全措施。

  2 洁净厂房中,高纯气体管道和干燥压缩空气管道等宜采用气体为试验介质,并应采取安全措施。

  3 洁净厂房中,高纯物质输送管道的试验介质应进行净化处理。

  4 压力试验的试验压力、试验方法等应符合现行国家标准《工业金属管道工程施工规范》GB 50235的相关规定。

7.8.4 洁净厂房中输送剧毒液体、有毒液体,可燃液体和高纯气体的管道系统应进行泄漏量试验,泄漏量试验应符合下列规定:

  1 泄漏量试验应在压力试验合格后进行,试验介质宜采用空气或氮气或氦气。对输送高纯气体的管道的泄漏量试验介质,宜采用纯度大于99.999%的氮气或氦气。

  2 泄漏量试验压力应为设计压力。

  3 泄漏量试验时间,采用氮气应连续试验24h或采用氦气连续试验1h。

  4 泄漏量试验工作宜与系统调试结合进行。

  5 泄漏量试验应以平均每小时泄漏率不超过1%为合格。

7.8.5 洁净厂房中,真空管道的试验应符合下列规定:

  1 真空管道的压力试验宜采用气压试验,试验压力应为0.2MPa;

  2 压力试验合格后,真空管道应按设计文件规定进行24h的真空度试验,其增压率不得大于5%。

7.8.6 管道在进行试验、检验合格后,应根据设计要求对管路进行吹扫和清洗,管道的吹扫和清洗应符合设计要求,当设计无要求时,可按现行国家标准《工业金属管道工程施工规范》GB 50235的有关规定执行。

8 消防、安全设施安装

8.1 一般规定

8.1.1 消防、安全设施的安装施工单位应具有规定的资质和安装施工许可证。

8.1.2 消防、安全设施的安装施工应符合下列规定：

　　1 相关的土建工程应已施工验收合格，并应办理交接手续；

　　2 应按工程设计文件和相关产品出厂技术说明文件的要求进行安装；

　　3 安装前，应认真核查消防、安全产品制造单位的资质、制造许可证的真实性，并应符合相关规定，同时应做好检查记录；

　　4 安装前，应对所有设备、材料进行现场检查、检验，均应符合工程设计文件和合约的要求，并应进行记录。

8.2 管线安装

8.2.1 洁净厂房中的消防给水管道应安装在技术夹层内，接至洁净室（区）的立管位置应符合工程设计文件要求或与工艺设备布置、土建构造协调后确定。其外露部分应以装饰板包裹，表面应平整、光滑。

8.2.2 消防安全设施的电气线路应符合工程设计文件要求。

Ⅰ 主控项目

8.2.3 穿越洁净室（区）的墙体、顶棚的消防给水管、自动喷水系统的喷头短管等处，应以防火填料进行密封处理。

　　检查数量：全数检查。

　　检验方法：观察检查。

8.2.4 洁净室（区）采用高灵敏度早期报警装置的采样管道的安

装应符合下列规定：

  1 采样管道应采用不漏气并能承受一定压力的刚性管道；

  2 管道连接、弯头、堵头等管件应密封良好。

  检查数量：全数检查。

  检验方法：观察检查。

8.2.5 消防、安全设施的各类火灾报警装置、气体报警装置、广播通信设施及其控制系统的电气线路的施工安装应符合下列规定：

  1 接至洁净室（区）内的电气线路穿墙、顶棚时，应以防火填料进行密封处理；

  2 电气线路应采用阻燃型或耐火型线缆。

  检查数量：全数检查。

  检验方法：观察检查。

Ⅱ 一 般 项 目

8.2.6 消防安全设施的管线、喷头短管等敷设时均应可靠固定，不得晃动。

  检查数量：全数检查。

  检验方法：观察检查。

8.2.7 高灵敏度早期报警装置的采样管的安装还应符合下列规定：

  1 采样管的位置、规格应符合工程设计文件和供应厂家产品说明书要求；

  2 采样管道应以支架固定，不得晃动。

  检查数量：全数检查。

  检验方法：观察检查。

8.3 消防、安全设备安装

8.3.1 消防安全设备的安装和安装位置、数量应按工程设计文件要求确定。

8.3.2 高灵敏度早期报警装置等火警报警装置的试验、试运转应符合下列规定：

1 试验、试运转应在洁净室（区）内各专业施工安装完成，并应已进行彻底的清洁、空吹达到规定的要求后进行；

2 调试前，应检查核对设备的规格；

3 试验、试运转应按产品说明书要求进行。

8.3.3 消防安全设施联动试运转应符合下列规定：

1 应按工程设计文件的相关要求进行调试，并应达到相关技术指标；

2 联动试运转应在各子系统试车验收合格后进行；

3 联动试运转应包括事故排风装置、气体自动切断装置等安全设施；

4 应在洁净室内各专业验收合格后进行。

Ⅰ 主 控 项 目

8.3.4 洁净室（区）内的消火栓安装应符合下列规定：

1 消火栓宜暗装，但安装处的墙体不得穿透；

2 当消火栓安装确需穿透时，所有接缝均应采用气密构造；

3 消火栓外露表面应平整、光滑，安装后应擦拭洁净；

4 消火栓内表面宜平整、光滑、易清洁，其箱内的管件、水龙带等应擦拭，并应洁净无尘。

检查数量：全数检查。

检验方法：观察检查。

8.3.5 高灵敏度早期烟雾探测装置的安装应符合下列规定：

1 烟雾探测装置的灵敏度应符合工程设计文件的要求。

2 安装应牢固，不得倾斜。安装在轻质墙上时，应采取加固措施。

3 应安装在不会导致采样管道和探测器本身损坏的环境中。

检查数量：全数检查。

检验方法：观察检查。

8.3.6 洁净室（区）内的火灾探测器的安装应符合下列规定：

1 规格型号、数量应按工程设计文件的要求确定;
　　2 探测器与顶棚的接缝应采用密封处理。
　　检查数量:全数检查。
　　检验方法:观察检查。

8.3.7 洁净室(区)内的气体报警探测器的安装应符合下列规定:
　　1 报警器的规格型号、数量应按工程设计文件的要求确定;
　　2 探测器与墙体、顶棚的接缝或安装支撑固定处等均应采取密封处理。
　　检查数量:全数检查。
　　检验方法:观察检查。

Ⅱ　一　般　项　目

8.3.8 洁净厂房内的二氧化碳灭火装置的安装应符合下列规定:
　　1 容量应按工程设计文件的要求确定;
　　2 气瓶、管道应可靠固定,不得晃动;
　　3 管道安装后,应进行试压和调试。
　　检查数量:全数检查。
　　检验方法:观察检查。

8.3.9 洁净室(区)内的火警手动按钮的安装应符合下列规定:
　　1 安装方式宜明装,外表面应平整、光滑、易清洁;与墙体的接缝处应密封处理。
　　2 安装高度宜为1.0m～1.2m,并应有明显标识。
　　检查数量:分区抽查30%,且不得少于每区3个。
　　检验方法:观察检查、尺量。

9 电气设施安装

9.1 一般规定

9.1.1 电气装置的施工安装应符合下列规定:

1 电气装置安装工程相关的土建工程等应已验收合格,并应办理相关交接手续;

2 施工安装应按工程设计文件进行;

3 所需的各种材料、线缆、配电盘(柜)、灯具、开关等应已检验合格,并应有相应的产品出厂合格证明和检验记录等,型号、规格和性能等均应符合工程设计的要求。

9.1.2 洁净室(区)内的电气装置和线管、线槽、桥架等宜采用暗装,并宜以装饰板进行防护,其外表面应平整、光滑,并应不产尘、积尘,易清洁。

9.1.3 电气装置安装工程的验收应符合下列规定:

1 应提交变更设计的证明文件,安装过程记录,隐蔽工程记录,测试记录,设备及照明的试运行记录和设备、材料的合格证明及进场检验记录等的资料、文件;

2 隐蔽工程应验收合格;

3 设备及照明应已试运行,并应验收合格;

4 电气接地设施应验收合格。

9.2 电气线路安装

9.2.1 电气线路、线管、线槽、桥架的位置、规格应符合设计文件要求。

9.2.2 电线管、电缆管、线槽、桥架的接地装置的施工及验收应符合现行国家标准《电气装置安装工程接地装置施工及验收规范》

GB 50169 的有关规定。

Ⅰ 主控项目

9.2.3 电气线路的线管、线槽、桥架穿越洁净室(区)的墙体、顶棚时,应采用气密构造,其接缝均应进行密封处理。

检查数量:全数检查。

检验方法:观察检查。

9.2.4 安装在洁净室(区)装饰板内的电线、电缆宜采用穿管敷设,穿越装饰板处应进行密封处理。

检查数量:按室(区)分别抽查30%,且不得少于3处。

检验方法:观察检查。

9.2.5 电线、电缆穿管敷设时,穿管内不得设有接头,所有接头应设在配电箱或接线盒内。

检查数量:全数检查。

检验方法:观察检查。

Ⅱ 一般项目

9.2.6 电气配线采用三相五线制或单相三线制时,其绝缘导线的绝缘层颜色应采用不同颜色进行区分,不得采用相同颜色的绝缘层。

检查数量:按室(区)分别抽查30%。

检验方法:观察检查。

9.2.7 洁净室(区)内的配电盘(柜)、接线盒的配线施工安装时,应留有满足再次接线、调线的余量。

检查数量:按室(区)分别抽查30%。

检验方法:观察检查。

9.3 电气设备安装

9.3.1 配电盘(柜)、接线盒、插座箱和照明灯具等的位置、规格应符合设计文件要求。

9.3.2 电气设备的安装还应符合现行国家标准《建筑电气工程施

工质量验收规范》GB 50303 的有关规定。

9.3.3 洁净室（区）内配电盘（柜）、接线盒、插座箱和照明灯具等电气设备，内、外表面应平整、光滑、不积尘、易清洁，安装后应进行擦拭，并应无积尘。

Ⅰ 主 控 项 目

9.3.4 洁净室（区）内配电盘（柜）的安装应符合下列规定：
 1 嵌入式安装的配电盘（柜）与墙体之间的接缝应进行密封处理；
 2 嵌入式、挂墙式盘（柜）的安装高度应符合工程设计文件要求，其底标高不宜低于 1.2m。

检查数量：全数检查。
检验方法：观察检查。

9.3.5 洁净室（区）内嵌入式安装的接线盒、插座箱与墙体之间的接缝应进行密封处理。

检查数量：全数检查。
检验方法：观察检查。

9.3.6 照明灯具、开关的安装应符合下列规定：
 1 洁净室（区）内嵌入式安装的灯具与顶棚之间应进行密封处理；
 2 照明灯具采用吸顶安装时，灯具与顶棚之间宜采用气密性垫片密封，并应在接缝处涂以密封胶；
 3 泪珠灯安装时，应在进线处进行密封处理；
 4 嵌入式安装的开关盒，其面板应紧贴墙面，接缝处应涂密封胶。

检查数量：按室（区）分别抽查 30%。
检验方法：观察检查。

Ⅱ 一 般 项 目

9.3.7 洁净室（区）内的配电盘（柜）内的配线应做到横平竖直、色别正确、标志齐全、连接可靠。

检查数量:全数检查

检验方法:观察检查。

9.3.8 洁净室(区)内的接线盒、插座箱的安装应端正,并应符合设计要求,设计无要求时,安装高度宜为1.0m～1.2m。

检查数量:按装(区)分别抽查30%。

检验方法:观察检查。

9.4 防雷及接地设施安装

9.4.1 防雷设施的安装和接地体、接地线的位置、规格应符合工程设计文件的要求。

9.4.2 接地体与接地线或接地线与相关设备、插座的连接宜采用焊接或镀锌螺栓可靠连接。

9.4.3 接地设施的安装还应符合现行国家标准《电气装置安装工程接地装置施工及验收规范》GB 50169 的有关规定。

Ⅰ 主控项目

9.4.4 接地体的施工安装应符合下列规定:

1 接地体及其引出线和焊接部位应进行表面除锈,去除污物和残留焊渣,并应进行防腐处理;

2 接地体埋设深度应符合工程设计文件的要求,且不得小于0.6m;

3 以角钢、钢管等制作的接地体,应采用垂直设置;

4 垂直接地体之间的距离不宜小于2倍接地体长度,水平接地体之间的距离不宜小于5m。

检查数量:全数检查。

检验方法:观察检查、尺量。

9.4.5 接地线的施工安装应符合下列规定:

1 接地线穿越洁净室墙体、顶棚和地面处宜采用套管,并应进行密封处理;

2 明敷的接地线不应妨碍设备的安装、维修,并应便于检查;

3 在易发生明敷接地线损伤的场所,其接地线应采取保护措施。

检查数量:全数检查。

检验方法:观察检查。

Ⅱ 一 般 项 目

9.4.6 接地体的施工安装还应符合下列规定:

1 接地体经检测,其接地电阻应符合工程设计文件要求;做好隐蔽工程记录后应进行回填。

2 接地体的回填土不得对其有腐蚀,并不得夹杂石块和建筑垃圾等。

检查数量:抽查30%。

检验方法:观察检查。

9.4.7 接地线的施工安装还应符合下列规定:

1 在洁净室(区)内明敷的接地线与建筑墙体、顶棚之间的间隙宜为10mm~15mm,与地面之间的距离宜为250mm~300mm;

2 接地线跨越建筑物的伸缩缝、沉降缝时,应设置补偿器;

3 明敷接地线应做标识。

检查数量:抽查30%。

检验方法:观察检查、尺量。

10 微振控制设施施工

10.1 一般规定

10.1.1 微振控制设施应与洁净厂房主体结构、动力公用工程、净化空调系统、排风系统等相关设施同步施工安装。

10.1.2 微振控制设施的施工应根据具体工程项目特点,并按微振控制设施的设计、测试和建造程序进行。

10.2 微振控制设施施工

Ⅰ 主控项目

10.2.1 洁净厂房的微振控制设施的施工应按下列阶段进行测试分析:

1 现场环境振动测试及分析;
2 建筑结构振动特性测试及分析;
3 精密设备仪器安装场所环境振动测试及分析;
4 竣工验收测试及分析。

检查数量:全数检查。

检验方法:核查测试分析报告。

10.2.2 隔振台、隔振装置、隔振器等的施工安装应符合工程设计文件的要求。

检查数量:全数检查。

检验方法:核查施工安装记录。

10.2.3 隔振装置施工安装时,应核对空气弹簧隔振器、阻尼器、限位器、高度调节器,以及配管、底座的规格、数量、尺寸,并应符合设计要求。

检查数量:全数检查。

检验方法:观察检查,尺量。

10.2.4 安装隔振器的地面、台板等应平整、清洁;各组(个)隔振器承受荷载的压缩量应均匀,高度误差应小于2.0mm。

检查数量:全数检查。

检验方法:观察检查,尺量。

10.2.5 隔振设施安装时应调整被隔振体高度达到规定值。

检查数量:全数检查。

检验方法:观察检查,尺量。

Ⅱ 一 般 项 目

10.2.6 隔振台的台板表面应平整、清洁,台板水平度误差应符合设计要求,且不宜大于3‰。

检查数量:全数检查。

检验方法:观察检查,尺量。

10.2.7 隔振所用的支、吊架,其结构形式、尺寸应符合设计文件的要求,焊接应牢固,焊缝应饱满、均匀。

检查数量:抽查50%。

检验方法:核查施工记录,观察检查。

10.2.8 地板或楼板整体式隔振系统,支承结构、地板或楼板应平整、清洁,水平度误差应符合设计要求。

检查数量:抽查50%。

检验方法:核查施工记录,观察检查。

11 噪声控制设施安装

11.1 一般规定

11.1.1 噪声控制设施宜与建筑装饰、净化空调系统、排风系统等设施同步安装施工。

11.1.2 噪声控制设施的安装施工应符合下列规定：

1 应按工程设计文件和设备、材料技术说明书进行安装；

2 各种设备及其附件、材料均应已进行现场检查、检验，且应符合工程设计文件或合约要求，并应进行记录。

11.2 噪声控制设施安装

Ⅰ 主控项目

11.2.1 消声器、隔声罩等噪声控制设备安装前，应按工程设计文件和产品说明书的规定，检查其完整性、严密性、规格尺寸等，并应做好记录。

检查数量：按系统、用途抽查50%，且不得少于2件。

检验方法：观察检查，尺量。

11.2.2 消声器的安装应符合下列规定：

1 安装位置、方向应正确，与风管或配管的连接应严密，不得有损坏与受潮；两组同类型的消声器不应直接串联；

2 现场安装的组合式消声器，其组件的排列、方向和位置应符合设计要求，单个消声器组件应可靠固定，消声器应设独立支吊架。

检查数量：整体安装的消声器，抽查20%，并不得少于5台。

检验方法：观察检查，核查安装记录。

11.2.3 隔声罩、隔声室的安装应符合下列规定：

1 安装位置、方向应正确,与主体设备、结构的连接应严密,并应可靠固定。

2 检查门、观察窗和通风装置应严密,应无损坏或异常;活动部件应灵活,应符合设计要求。

3 隔声材料应均匀满布,不得有损坏或外露。

检查数量:全数检查。

检验方法:观察检查,敲击隔声围护构造。

11.2.4 洁净厂房内吸声设施的施工安装应符合下列规定:

1 吸声墙体、顶棚或地面等的构造、材质和规格尺寸均应符合设计要求;

2 洁净室(区)内的吸声设施应表面光滑、易清洁、不起尘。

检查数量:抽查30%。

检验方法:观察检查,敲击围护构造,尺量。

Ⅱ 一 般 项 目

11.2.5 消声器的安装还应符合下列规定:

1 消声器安装前应保持干净,并应做到无油污和浮尘;

2 消声器、消声弯管的安装均应设独立的支(吊)架。

检查数量:整体安装者,抽查20%;现场组装时,全数检查。

检验方法:观察检查。

11.2.6 隔声罩、隔声室的安装应符合下列规定:

1 安装前应保持清洁,并应做到无油污和浮尘;

2 安装后应对内、外表面进行擦拭,并应保持清洁、无尘。

检查数量:抽查20%。

检验方法:观察检查。

11.2.7 洁净厂房内吸声设施的施工安装应符合下列规定:

1 吸声设施的表面应符合设计要求;

2 吸声材料不得有损坏或明显的外露。

检查数量:抽查20%。

检验方法:观察检查,尺量。

12 特种设施安装

12.1 一般规定

12.1.1 本章适用于洁净厂房内的高纯气体供应设施、纯水供应设施、工艺生产用水设施、化学品供应设施的安装施工质量验收。

12.1.2 特种设施的安装施工应符合下列规定:
  1 相关的土建工程应已验收合格,并应办理交接手续;
  2 应按工程设计文件和相关设备出厂技术说明要求进行安装;
  3 各种设备及其附件、材料应已进行现场检查、检验,并应符合工程设计和设备技术要求,同时应做好进场记录。

12.1.3 对气密性、渗漏性控制严格的特种设施的设备、附件等,安装前应检查密封状况,发现异常时,应与供货商共同检查,并应经确认不影响使用功能后再进行安装。

12.1.4 特种设施的承压设备、附件应具有压力试验、无损探伤等有效检验合格文件。无合格文件者,不得进行安装。

12.1.5 有爆炸危险或有毒的气体、液体、有机溶剂等相关的设备、附件应具有有效检验的合格文件,不符合规定者不得进行安装。

12.1.6 分类、分系统进行安装质量验收,宜与相关系统的试运转结合进行。

12.1.7 有防静电接地要求的设施,应在安装就位或系统管道安装完成后进行可靠接地。

12.2 高纯气体、特种气体供应设施安装

12.2.1 高纯气体、特种气体管道及其阀门、附件等的材质应符合

工程设计文件的要求。采用低碳不锈钢管时,其安装施工应符合本规范第7.4节的规定。

12.2.2 管路系统的试运转应包括管路吹扫、气密性、泄漏性试验和纯度测试。

Ⅰ 主控项目

12.2.3 高纯气体、特种气体供应设施安装前,应按工程设计文件和产品说明书的要求,检查设备及填充的纯化材料、阀门和管件的完整性、密封性,并应做检查记录。

检查数量:按气体品种、分系统全数检查。

检验方法:观察检查、尺量。

12.2.4 纯化设备、特气柜的搬运、就位应符合下列规定:

1 搬入洁净室(区)前应进行清洁,符合要求后应从规定的设备搬入口运入;

2 整体设备搬运时,应按设备的构造、管道及阀门等附件的配置状况安全运输,不得倒置,并应可靠固定;

3 设备就位时,应按工程设计文件和产品说明书要求,做好接管、接线定位;

4 就位后,水、电接口应按工程设计文件要求连接;

5 气体管道接口应在分系统的气体输送管道安装试运转合格后再连接。

检查数量:按气体品种、分系统全数检查。

检验方法:观察检查、尺量。

12.2.5 高纯气体、特种气体系统的阀门箱、吹扫盘的安装应符合下列规定:

1 应检查箱体及箱内阀门、仪表和附件的完整性、密封性和合格证书等,并应做好记录;

2 安装位置应按工程设计文件、产品说明书要求进行,并应检查接管、接线方位的正确性;

3 气体管道接口应在所在系统试运转合格后再连接。

检查数量:按气体品种、分系统全数检查。

检验方法:观察检查、尺量。

12.2.6 高纯气体、特种气体设施施工安装试运转的纯度测试应符合下列规定:

1 纯度测试介质,宜采用工作气体进行。

2 测试气体的压力,宜与输送介质的设计压力相同。

3 测试气体的检测取样口或排气接口,应设在供气系统中要求气体纯度及其杂质含量最严格且距离最长的用气设备处。

4 纯度测试过程,取样时间的间隔宜为4h;气体样品应采用与输送介质纯度及允许杂质含量相应的精度等级的仪器进行分析。

5 当测试气体进、出口的纯度及其氧痕量、水痕量等杂质含量达到一致时,应认为纯度测试合格。

检查数量:按系统全数检查。

检验方法:仪器检查。

12.2.7 管路系统的试验应符合下列规定:

1 高纯气体、特种气体供应设施的强度试验、气密性试验和泄漏量试验及试验压力均应按工程设计文件要求执行。

2 试验气体宜采用无油干燥压缩空气或纯氮气或纯氦气;试验气体压力按规定逐步升至系统强度试验压力后,应保持10min,然后降压至气密性试验压力,检查接口、焊缝,应以不漏为合格。

3 气密性试验合格后,进行泄漏量试验,试验气体为纯氮或无油干燥压缩空气时,系统应以设计压力保持24h,检查泄漏率不超过0.5%为合格。采用氦气为试验气体时,系统应以设计压力保持1h,检查泄漏率不应超过0.5%为合格。不合格时,应检查原因并进行完善后,再进行泄漏量试验,直至合格为止。

4 管路系统的试验,不应包含纯化设备、特气柜和阀门箱等。

检查数量:按系统全数检查。

检验方法:观察检查、仪表检查。

Ⅱ 一般项目

12.2.8 管路吹扫应符合下列规定：

1 应按气体品种、工作参数分系统分别进行吹扫。

2 管路系统应采用0.3MPa～0.5MPa的无油干燥压缩空气或纯氮进行吹扫，吹扫气体应设置过滤精度严于0.3μm的气体过滤器去除微粒；对输送可燃气体的管路宜采用纯氮吹扫。

3 在管路系统吹扫气体排出口设靶检查，应以靶上未见微粒为合格；对输送可燃气体的管路系统，应以排出口吹扫气体中含氧量小于1%为合格。

检查数量：按系统全数检查。

检验方法：观察检查、仪表检查。

12.3 纯水供应设施安装

12.3.1 纯水供应设施安装前，应按工程设计文件和产品说明书的要求检查、核对设备及填充的材料、阀门和管件的完整性、密封性，并应做好检查、核对记录。

12.3.2 纯水管道及其阀门、附件的材质，应按工程设计文件和产品生产要求进行选择。

Ⅰ 主控项目

12.3.3 单体设备的搬运、就位应符合下列规定：

1 搬入洁净室（区）内的单体设备，应进行清洁后再搬入；

2 装有填料或元件的单体设备，应按要求的方向进行搬运、就位，不得倒置；

3 单体设备就位时，应按工程设计文件和产品说明书要求进行定位。

检查数量：全数检查。

检验方法：观察检查、尺量。

12.3.4 洁净室（区）内纯水末端处理设备的安装应符合下列规定：

1 设备搬运、就位应符合本规范第12.3.3条的要求；

2 纯水管道接管,应在纯水系统安装后经试验及试运转合格后连接；

3 接管、接线后,应按工程设计文件和产品说明书进行试运转。

检查数量：全数检查。

检验方法：观察检查。

12.3.5 药品和保健品等生产用纯水系统的安装应符合下列规定：

1 设备搬运、就位应符合本规范第12.3.3条的要求；

2 应根据使用特点和工程设计文件要求选择管路材质、阀门、附件,并不得对水质产生污染和引起腐蚀或损伤；

3 系统安装完成后,应按规定进行试验、试运转,合格后按使用要求进行清洗或消毒灭菌,达到规定指标后,宜循环待用。

检查数量：全数检查。

检验方法：观察检查。

Ⅱ 一 般 项 目

12.3.6 管道系统的试验、试运转应符合下列规定：

1 管道系统的试验应按工程设计文件要求进行水压试验,其试验方法应符合现行国家标准《工业金属管道工程施工规范》GB 50235的有关规定；

2 管道系统的试验、试运转,不宜包括末端处理装置；

3 试验合格后,应以同等水质的纯水进行清洗,直至在管路末端无杂质、无污染物为合格；

4 有特殊要求的纯水系统,应按设计要求进行脱脂、清洗、钝化,并应按规定进行消毒灭菌；

5 纯水水质试验,应以本系统同样水质的纯水进行试验,水质分析采样口应为水质要求最严格且距离最长的用户末端处；取样时间间隔应为2h～4h,应以系统的始端、末端的水质相同为合格。

检查数量：全数检查。

检验方法：观察检查、仪器检测。

12.3.7 管道清洗应符合下列规定：

1 管道清洗先以清洁水冲洗，末端检查无杂物后，应以同等水质的纯水清洗；

2 清洗时，应关断所有接至单体设备的阀门，管道系统的过滤器滤芯应卸下，并应待清洗合格后原样恢复。

检查数量：按系统分别检查。

检验方法：观察检查。

12.4 化学品供应设施安装

12.4.1 本节适用于洁净厂房中工业产品生产所需的酸、碱、有机物质等化学品供应设备、输送管路系统的安装施工质量验收。

12.4.2 化学品供应设施安装前，应按设计文件和产品说明书的要求检查设备、容器、阀门和附件的完整性和密封性等，并应做检查记录。

12.4.3 化学品供应设施中的各类泵的安装施工，应符合现行国家标准《风机、压缩机、泵安装工程施工及验收规范》GB 50275 的有关规定。

Ⅰ 主控项目

12.4.4 洁净室（区）内化学品输送管道系统的阀门箱的安装应符合下列规定：

1 应检查箱体及箱内阀门、仪表和附件的完整性、密封性和合格证书，并应做好检查记录；

2 就位安装应按工程设计文件、产品说明书要求进行，并应检查接管、接线方位的正确性；

3 各种管道的连接应在所在系统吹扫或清洗合格后进行。

检查数量：各阀门箱全数检查。

检验方法:观察检查。

12.4.5 化学品供应设施的容器、管道及其阀门、附件的材质应符合工程设计文件要求。

检查数量:各类设施全数检查。

检验方法:观察检查。

Ⅱ 一 般 项 目

12.4.6 容器的搬运、安装就位应符合下列规定:

1 搬入洁净室(区)前应进行清洁,并应符合要求后从规定的搬入口运入;

2 容器搬运应根据容器结构、规格尺寸及接管配置状况,进行固定,不得倒置;

3 就位前,应检查基础平整度、高度,基础表面的水平度不应大于2‰,标高偏差不应大于2mm;

4 容器各接管中心与基础面上的基准线对准、测量,其允许偏差不应大于3mm;

5 容器安装就位后的垂直度不应大于2‰。

检查数量:各类容器全数检查。

检验方法:观察检查、尺量。

12.4.7 化学品供应设施的低碳不锈钢管、PE管、PVDF管等的管道系统安装施工应符合本规范第7章的有关规定。

检查数量:符合本规范第7章的有关规定。

检验方法:观察检查、尺量。

12.4.8 管道吹扫或清洗应符合下列规定:

1 应按各种化学品供应系统,分别在安装完成后分系统进行吹扫或清洗。

2 吹扫或清洗宜采用干燥压缩空气或纯氮或清洁水,吹扫介质压力应为0.2MPa~0.3MPa,吹扫管道应设置过滤精度严于0.3μm的过滤器。

3 吹扫清洗时,应关断所有接至各类容器的阀门;管道系统的过滤器滤芯,流量计应卸下,并应待吹扫后按原样恢复。

4 各系统的吹扫应反复多次进行,吹扫时间不宜少于2.0h,并应以湿的白色滤纸或白布或涂有白色漆的靶板放在吹扫气排出口,经5min后检查微粒状况。不合格时,应继续吹扫,直至合格。

检查数量:按系统分别全数检查。

检验方法:观察检查、仪表检查。

12.4.9 管道系统的试验、试运转应符合下列规定:

1 管道系统的试验应按工程设计文件要求进行强度试验、气密性试验,金属管道的试验方法可按现行国家标准《工业金属管道工程施工规范》GB 50235的有关规定执行。

2 管道系统的试验、试运转,不宜包括各类容器、泵类等设备。

3 承压管道应进行强度和严密性试验,强度试验的试验压力应为设计压力的1.5倍,严密性试验的试验压力应为设计压力的1.15倍。非承压管道应进行满水试验。

4 试验合格后,应以纯水或氮气进行清洗吹扫,并应直至末端无杂质、污染物为合格。

13 生产设备安装

13.1 一般规定

13.1.1 本章适用于与洁净厂房施工验收相关的生产工艺设备安装和验收,但不应包括生产工艺设备自身的施工安装和验收要求。

13.1.2 洁净厂房中生产工艺设备除大型设备外,宜在洁净室(区)空态验收合格后进行安装。

13.1.3 设备的搬运、安装过程不得有超范围的振动、倾斜,不得划伤及污染设备表面,设备搬入洁净室(区)前应清洁、无尘。

13.2 设备安装

13.2.1 生产工艺设备安装施工条件宜符合下列规定:

　　1 安装生产工艺设备前,洁净厂房净化空调系统应已连续正常运行48h,照明系统应已正常工作,且现场应有便捷电源供应;

　　2 大型、特殊要求的生产设备,应按设计要求在净化空调系统安装前就位,可按本规范附录 A 进行;

　　3 洁净室(包括风淋室)应已启用,并应建立洁净厂房设备安装管理操作规程。

13.2.2 洁净室(区)内生产设备安装施工用辅助材料应符合下列规定:

　　1 应为无尘、无锈、无油脂且在使用过程中不产尘的清洁材料;

　　2 应以洁净、无尘的板材、薄膜等材料保护洁净室(区)的建筑装饰表面;

　　3 设备垫板应按设计或设备技术文件要求制作,如无要求时可用不锈钢板或塑料板;

4 制作独立基础和地板加固用的碳钢型材应经防腐处理,表面应平整、光滑;

5 用于嵌缝的弹性密封材料应有注明成分、品种、出厂日期、储存有效期和施工方法的说明书及产品合格证书。

13.2.3 洁净室(区)使用的机具不得搬至非洁净室(区)使用,非洁净室(区)使用机具不得搬至洁净室(区)使用,洁净区使用机具应符合下列规定:

1 机具外露部分不应产尘或采取防止尘埃污染环境的措施;

2 常用机具在搬入洁净区前应在气闸室进行清洁处理,应达到无油、无垢、无尘、无锈的要求,并应经检查合格贴上"洁净"或"洁净区专用"标识后搬入。

13.2.4 设备特殊基础应符合下列规定:

1 洁净室地面为活动地板时,基础宜设置在下技术夹层地坪上或混凝土多孔板上;

2 钢制框架结构的独立基础应采用镀锌材料或不锈钢材料制作,外露表面应平整、光滑;

3 安装基础所需拆除的活动地板,经手持电锯切割后的钢结构应予加固,其承载能力不应低于原承载能力。

13.2.5 墙板、吊顶和活动地板开洞应符合下列规定:

1 开洞作业不得划伤或污染需保留的墙板、吊顶板表面,活动地板开口后不能及时安装基础时,应设安全护栏并设危险标识;

2 生产设备安装后,洞口四周间隙应进行密封处理,并应做到设备与密封组件为柔性接触;密封组件与壁板的连接应紧密、牢固;工作间一侧的密封面应平整、光滑。

13.2.6 拆除包装应符合下列规定:

1 设备开箱拆除外包装应在设备搬入平台上进行,并不得破坏内包装;

2 设备的内包装应在气闸室前拆除,拆除前应先用吸尘器、洁净布清除内包装外表面的尘粒。

13.2.7 生产设备从搬入平台经搬入口、气闸室至洁净室(区)的搬运应符合下列规定：

　　1 对搬入设备的最大件无法通过预留的门洞时,可保护性拆除门或洁净室隔断,应在设备搬入后再恢复到原有状态;

　　2 沿搬运路线的门框、墙角等处应设保护措施;

　　3 在活动地板上搬运设备时,应敷设软塑料保护层和不锈钢板或铝合金板;

　　4 当搬运重量超过活动地板的承载能力时,应根据现场实际情况采取加固措施,并应采用不产尘的材料。

13.2.8 洁净室(区)内搬运生产工艺设备,宜采用搬运车或气垫搬运装置。搬运时应控制其行进速度不得大于 1m/s。

13.2.9 设备就位安装应符合下列规定：

　　1 在自流坪地面安装设备时,应有地面保护措施;

　　2 在活动地板上吊装设备时,应核对活动地板的允许荷载,当允许荷载不能满足起吊荷重时,应对活动地板进行加固;

　　3 设备就位安装需开孔时,应采用真空吸尘接口或吸尘器吸除所产生的尘粒,直至吸尽孔内积存的尘粒。

13.3 二次配管配线

13.3.1 生产设备应在找正、调平并经检验合格后,再进行设备所需水、电、气、排风等二次配管配线施工。工艺设备二次配管配线除应符合本规范第 5 章～第 8 章的规定外,还应符合下列规定：

　　1 二次配管配线的主材应与生产工艺设备一致,各种垫料、填料等辅材应与相关配管配线的工程设计一致,并应采用密封性能好且不产尘的材料。

　　2 二次配管预制作业应在专设的防尘、防静电的洁净工作小室内进行,加工件应经洁净处理后密封搬入洁净室(区)内。

　　3 碳钢支、吊架应采用镀锌材料,切割端面亦应做防锈处理,安装应牢固可靠;不锈钢管与碳钢支架、管卡之间应分别设隔离垫和隔离套管,隔离垫宜用软质聚四氟乙烯板,套管宜用聚乙烯软管。

  4 上技术夹层引下的管线,宜从增设在生产工艺设备附近的管线柱内敷设。管线柱高度宜高于房间吊顶,柱壁可采用装饰用不锈钢管或用型钢作框架,框架外贴装饰应用不锈钢面板;柱壁上可安装电气插座、开关箱及阀门等。

13.3.2 二次配管配线的施工安装应避免在洁净室(区)内进行锯、锉、钻、凿等作业,个别情况不可避免时,应在产尘处采用真空吸尘接口或吸尘器不间断地吸除尘粒。

13.3.3 二次配管完成后,不宜进行冲洗或吹洗、严密性试验。若需要时,应根据生产设备和厂房内配管连接状况制订安全技术措施,并应经批准后再实施。

14 验 收

14.1 一 般 规 定

14.1.1 洁净厂房工程施工完成后应进行验收,验收宜划分为竣工验收、性能验收、使用验收。

14.1.2 竣工验收应在分项验收合格后进行。

14.1.3 性能验收应在竣工验收完成后进行,并应进行检测。

14.1.4 使用验收应在性能验收完成后进行,并应进行测试。

14.1.5 洁净厂房验收的检测状态应分为空态、静态和动态。竣工验收阶段的检测宜在空态下进行,性能验收阶段宜在空态或静态下进行,使用验收阶段的检测应在动态下进行。

14.2 洁净厂房的测试

14.2.1 洁净厂房的验收中,在进行各项性能检测前,净化空调系统应正常运行24h以上,并应达到稳定运行状态。

14.2.2 检测用仪器仪表均应进行标定,并应在标定有效期内。

14.2.3 洁净厂房测试应按验收阶段分段进行。竣工验收阶段的检测应确认各项设施符合工程设计和合同的要求;性能验收阶段的检测应确认各项设施均能有效、可靠地运行;使用验收阶段的检测应按产品生产工艺和"动态"活动要求,确认各项设施有效、可靠地运行。

14.2.4 洁净厂房性能测试项目应符合表14.2.4的要求。具体工程项目的性能测试清单、测试顺序等应按本规范附录B执行。

表14.2.4 洁净厂房性能测试项目

序号	测试项目	单向流	非单向流
1	空气洁净度等级	检测	检测
2	风量	检测	检测

续表 14.2.4

序号	测试项目	单向流	非单向流
3	平均风速	检测	不检测
4	风速不均匀度	必要时检测	不检测
5	静压差	检测	检测
6	过滤器安装后的检漏	检测	检测
7	超微粒子	必要时检测	必要时检测
8	宏粒子	必要时检测	必要时检测
9	气流目测	必要时检测	必要时检测
10	浮游菌、沉降菌	必要时检测	必要时检测
11	温度	检测	检测
12	相对湿度	检测	检测
13	照度	检测	
14	照度均匀度	必要时检测	
15	噪声	检测	
16	微振动	必要时检测	
17	静电测试	必要时检测	
18	自净时间	不检测	检测
19	粒子沉降测试	必要时检测	
20	密闭性测试	检测	不检测

14.2.5 空气洁净度等级的检测应对粒径分布在 0.1μm 至 5.0μm 之间的悬浮粒子的粒径和浓度进行测试,空气洁净度等级应符合设计和建设方的要求。对于超微粒子、宏粒子的测试结果,应根据业主或设计要求确定。

检查数量:全数检查。

检验方法:按本规范附录 C。

14.2.6 洁净厂房内应根据生产工艺要求进行浮游菌、沉降菌的检测。

检查数量:全数检查。

检验方法:按本规范附录C。

14.2.7 风量和风速的测试,对单向流洁净室的送风量应以测试的平均送风速度乘以送风截面积确定;非单向流洁净室的送风量可采用直接测试或测出风口风速乘以出风截面积确定。

检查数量:按房间或区域,全数检查。

检验方法:按本规范附录C。

14.2.8 压差测试,应为检验洁净室(区)与其周围环境之间的规定静压差,应在洁净室(区)的风速、风量和送风均匀性检测合格后进行静压差测试。

检查数量:按房间或区域,全数检查。

检验方法:按本规范附录C。

14.2.9 对已装空气过滤器应进行检漏;应在安装后的过滤器的上游侧引入测试气溶胶,并应及时在送风口和过滤器周边、外框与安装框架之间的密封处进行扫描检漏。检漏测试可在"空态"或"静态"进行。

检查数量:全数检查。

检验方法:按本规范附录C。

14.2.10 气流流型和气流方向,应在风量、风速和静压差等测试达到要求后进行检测。

检查数量:单向流、混合流洁净室(区)抽检50%以上,非单向流洁净室(区)抽检30%以上。

检验方法:按本规范附录C。

14.2.11 应在相关的净化空调系统连续、稳定运行后再进行洁净室(区)的温度、相对湿度检测,并应达到设计要求。

检查数量:按房间或区域,全数检查。

检验方法:按本规范附录C。

14.2.12 对于空气洁净度等级严于5级的洁净室(区),应进行围护结构密闭性的测试。

　　检查数量:全数检查。

　　检验方法:按本规范附录C。

14.2.13 洁净室(区)内的噪声测试,应在"空态"或与建设单位协商的状态下进行检测,室内噪声应达到标准规定值。

　　检查数量:按房间或区域,全数检查。

　　检验方法:按本规范附录C。

14.2.14 洁净室(区)的照度测试,应在室内温度稳定和光源光稳定状态下进行,室内照度值应达到设计要求。

　　检查数量:按房间或区域,全数检查。

　　检验方法:按本规范附录C。

14.2.15 对于非单向流洁净室,应进行自净时间的检测。

　　检查数量:按房间或区域,全数检查。

　　检验方法:按本规范附录C。

14.2.16 当洁净厂房中设有需微振控制的精密设备仪器时,应对微振控制设施的建造质量进行检测,并应达到设计要求。

　　检查数量:按房间或区域,全数检查。

　　检验方法:按本规范附录C。

14.2.17 洁净室(区)的地面、墙面和工作台面的表面导静电性能,应根据生产工艺要求进行检测,并应达到标准规定或设计要求。

　　检查数量:按房间或区域,全数检查。

　　检验方法:按本规范附录C。

14.2.18 洁净厂房的每项测试均应编写测试报告,并应包括下列主要内容:

　　1 测试单位的名称、地址,测试人和测试日期;

　　2 所测设施名称及毗邻区域的名称和测试的位置、坐标;

　　3 设施类型及相关参数;

　　4 测试项目的性能参数、标准,包括占用状态等;

5 所采用的测试方法、测试仪器及其相关的说明文件;
6 测试结果,包括测试记录、分析意见;
7 结论。

14.3 竣工验收

14.3.1 洁净厂房的竣工验收,应在各分部单机试车,无生产负荷系统试车自检合格后进行。竣工验收应包括对各分部工程的单机试车、无生产负荷系统试车的核查、洁净室(区)性能参数检测和调试、各分部观感质量核查。

14.3.2 洁净厂房竣工验收时,应检查竣工验收的下列文件及记录:
   1 图纸会审记录、设计变更通知书和竣工图;
   2 各分部工程的主要设备、材料和仪器仪表的出厂合格证明及进场检验报告;
   3 各分部工程的单机设备、系统安装及检验记录;
   4 各分部单机试运转记录;
   5 各分部工程、系统无负荷试运转与调试记录;
   6 各类管线试验、检查记录;
   7 各分部工程的安全设施的检验和调试记录;
   8 各分部工程的质量验收记录。工程质量验收记录用表应按本规范附录D执行。

14.3.3 洁净厂房内各分部工程的观感质量核查应符合本规范第5章~第13章的相关规定。
   检查数量:各分部按系统抽查20%,且不得少于1个系统;各类设备、部件、仪表和阀门等按数量抽查20%,且不得少于1台或10件。
   检验方法:观察检查、尺量。

14.3.4 各分部工程的各类设备单机试车的核查应符合本规范第5章~第12章的相关规定。
   检查数量:按数量每种单机抽查20%,且不得少于1台。

检验方法:按本规范第 5 章～第 12 章的相关方法。

14.3.5 各分部工程的各类系统的单机试车核查合格后,应进行无生产负荷的稳定运行核查,并应符合本规范第 5 章～第 12 章的相关规定。

检查数量:每一分部按系统抽查 20%,且不得少于 1 个系统。

检验方法:按本规范第 5 章～第 12 章的相关方法。

14.3.6 洁净厂房竣工验收的主要测试内容应包括下列测试:

1 气流目测;
2 风速和风量测试;
3 已装过滤器的检漏;
4 洁净室(区)的密闭性测试;
5 房间之间的静压差测试;
6 空气洁净度等级;
7 产品生产工艺有要求者,应进行微生物测试或化学污染物测试或特殊表面的洁净度测试;
8 自净时间;
9 温度、相对湿度;
10 照度值;
11 噪声级;
12 其他需要进行的检测项目。

14.3.7 洁净厂房竣工验收后,应由施工方编写竣工验收报告,除应包括本规范第 14.3.2 条的内容外,还应包括下列内容:

1 观感核查记录;
2 分项测试记录及分析意见;
3 测试仪器的有效校验证书;
4 结论。

14.4 性 能 验 收

14.4.1 洁净厂房的性能验收应经过规定的检测和调试,确认洁净室(区)性能参数均应满足产品生产运行的要求。

14.4.2 洁净厂房竣工验收合格,并经核实批准后,应按设计要求进行性能验收,性能验收的主要测试内容应包括下列测试:

  1 检测空气洁净度等级;

  2 生产工艺有要求者,还应进行微生物测试或化学污染物测试或特殊表面的洁净度测试;

  3 洁净室(区)的温度、相对湿度的稳定性测试;

  4 检测自净时间;

  5 检测洁净室(区)的密闭性测试;

  6 测定照度;

  7 测定噪声级;

  8 需要时,确认和记录气流形式和换气次数;

  9 需要进行的其他检测项目。

14.4.3 洁净厂房的性能验收后,应编写验收报告,应包括下列主要内容:

  1 洁净厂房中各种设施的开启状态描述;

  2 分项测试记录及分析意见(包括测试点位置、坐标等);

  3 测试仪器的有效校验证书;

  4 结论。

14.5 使 用 验 收

14.5.1 洁净厂房的使用验收应在设计规定的使用状态下进行检测和调试,确认洁净室(区)的动态性能参数均应有效满足使用要求。

14.5.2 使用验收的主要检测内容应包括下列测试:

  1 检测空气洁净度等级;

  2 生产工艺有要求者,还应进行微生物测试或化学污染物测试或特殊表面的洁净度测试;

  3 温度、相对湿度的稳定性测试;

  4 确认洁净室（区）的密闭性能；
  5 建设方需要进行的其他检测项目。

14.5.3 洁净厂房使用验收后，应编写使用验收报告，应包括下列主要内容：

  1 洁净厂房中各种设施（包括生产工艺设备）等的开启状态描述；

  2 测试的洁净室（区）人员及其活动情况的描述；

  3 分项测试记录及分析意见（包括测试点位置、坐标等）；

  4 测试仪器的有效校验证书；

  5 结论。

附录 A 洁净厂房主要施工程序

A.0.1 洁净厂房的施工安装内容主要应包括建筑装饰、净化空调系统、各动力公用和安全设施以及各种配管配线等；洁净厂房的施工安装应根据具体工程特点、使用功能确定，还应安排好相关生产工艺设备的安装和二次配管配线的安装。

A.0.2 洁净厂房的施工安装程序中，应根据具体工程情况、复杂程度等因素确定，必要时应进行二次洁净室装饰设计或二次配管配线设计等。

A.0.3 洁净厂房施工安装时，各专业、多工种应密切配合，应按具体工程实际情况，制订施工安装程序和计划进度，应循序渐进地完成洁净厂房的施工建造。洁净厂房的主要施工程序见图 A.0.3。

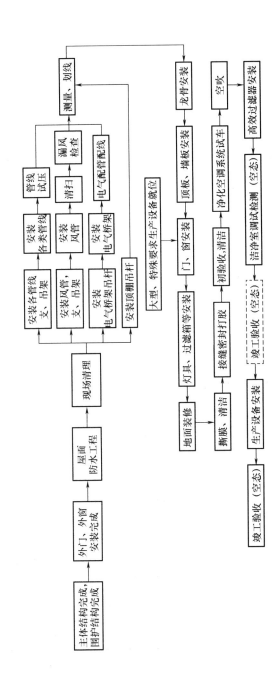

图 A.0.3 洁净厂房的主要施工程序图示

附录 B 测试项目的选择和实施顺序

B.0.1 性能测试项目和顺序的选择,应根据具体工程的规模、空气洁净度等级、产品生产工艺要求及布置情况、净化空调系统等因素确定,并应填写表 B.0.1。

表 B.0.1 性能测试项目清单和测试顺序

选择测试顺序	测试内容	测试方法	选择测试仪器	测试仪器
#□	悬浮粒子	本规范第 C.1 节	□	离散粒子计数器
#□	悬浮超微粒子计数	本规范第 C.12 节	□	凝结核粒子计数器
			□	离散粒子计数器
			□	粒径屏蔽装置
#□	悬浮宏粒子与计数	本规范第 C.13 节	—	—
#□	悬浮宏粒子采集与计数	本规范第 C.13.2 条	□	显微镜测量采样滤纸
			□	梯级冲撞器
#□	悬浮大粒子计数	—	□	飞行时间粒子仪
#□	气流	本规范第 C.4 节	—	—
#□	单向流设施的风速测量	本规范第 C.2.2 条第 1 款	□	热风速计
			□	超音速风速计(3维或相当3维)
			□	旋翼风速计
			□	皮托管与压力计

续表 B.0.1

选择测试顺序	测试内容	测试方法	选择测试仪器	测试仪器
♯□	非单向流设施的送风风速测量	本规范第C.2.3条	□	热风速计
			□	超声风速计（3维或相当3维）
			□	旋翼风速计
			□	皮托管与压力计
			□	一体式风量罩
♯□	过滤器下风向总风量测量	本规范第C.2节	□	文氏管计
			□	孔流速计
			□	皮托管与压力计
♯□	送风管风量测量	本规范第C.2节	□	一体式风量罩
			□	文氏管计
			□	孔流速计
			□	皮托管与压力计
♯□	静压差	本规范第C.3节	□	电子微压计
			□	斜式压力计
			□	机械式压差计
—	已装空气过滤器的检漏	本规范第C.4节	—	—
♯□	已装空气过滤器系统泄漏扫描	本规范第C.4节	□	线性气溶胶光度计
			□	对数气溶胶光度计
			□	离散粒子计数器
			□	气溶胶发生器
			□	气溶胶液
			□	稀释系统
			□	凝结核计数器

续表 B.0.1

选择测试顺序	测试内容	测试方法	选择测试仪器	测试仪器
#□	风管与空气处理机上的已装空气过滤器的检漏	本规范第C.4节	□	线性气溶胶光度计
			□	对数气溶胶光度计
			□	离散粒子计数器
			□	气溶胶发生器
			□	气溶胶液
			□	稀释系统
			□	凝结核计数器
#□	气流流型	本规范第C.5节	□	气溶胶发生器
			□	示踪剂
			□	热风速计
			□	3维超声风速计
			□	气溶胶发生器
#□	温度	—	—	—
#□	一般温度	本规范第C.6.4条	□	玻璃温度计
			□	数字温度计
#□	功能温度	本规范第C.6.5条	□	玻璃温度计
			□	数字温度计
#□	相对湿度	本规范第C.7节	□	湿度监测器(电容性)
			□	湿度监测器(毛发式)
			□	露点传感器
			□	智能记录仪
#□	静电	本规范第C.15节	□	压电电压计
			□	高阻计
			□	充电板监测器

续表 B.0.1

选择测试顺序	测试内容	测试方法	选择测试仪器	测试仪器
♯□	自净时间	本规范第 C.11 节	□	离散粒子计数器
				气溶胶发生器
—	密闭性检测	本规范第 C.8 节	—	—
♯□	粒子计数器法	本规范第 C.8.2 条	□	粒子计数器
—	—	—	□	气溶胶发生器
—	—	—	□	稀释系统
♯□	光度计法	本规范第 C.8.3 条	□	光度计
—	—	—	□	气溶胶发生器
♯□	噪声	本规范第 C.9 节	□	声级计
♯□	照度	本规范第 C.10 节	□	照度计
♯□	浮游菌、沉降菌	本规范第 C.16 节	□	培养皿
			□	培养基
			□	采样器

注:1 测试可在第 1 列的"♯□"中按所选择的测试项目顺序填写编号。
　　2 测试可在第 4 列"□"中填写选择的测试仪器。

附录 C 测 试 方 法

C.1 空气洁净度等级测试

C.1.1 空气洁净度等级的测试宜采用粒子计数器,采样量应大于 1L/min。测试粒径大于或等于 $0.5\mu m$ 粒子时,宜采用光散射粒子计数器;测试粒径大于或等于 $0.1\mu m$ 的粒子时,宜采用大流量激光粒子计数器,采样量应为 28.3L/min;测试粒径小于 $0.1\mu m$ 的超微粒子时,宜采用凝聚核激光粒子计数器。

C.1.2 采样点的确定应符合下列规定:

1 最少采样点应按下式计算:

$$N_L = \sqrt{A} \qquad (C.1.2)$$

式中:N_L——最少采样点,四舍五入取整数;

A——洁净室(区)的面积。在水平单向流时,指与气流方向垂直的流动空气的截面积,以 m^2 计。

2 采样点应均匀分布于洁净室(区)的面积内,并应位于工作区高度。

C.1.3 每次采样的最少采样量应符合下列规定:

1 每个采样点的每次采样量(V_S)应按下式计算:

$$V_S = \frac{20}{C_{nm}} \times 1000 (L) \qquad (C.1.3)$$

式中:C_{nm}——被测洁净室(区)空气洁净度等级被测粒径的允许限值(个/m^3);

20——在规定被测粒径粒子的空气洁净度限值时,可检测到的粒子数。

2 每个采样点的采样量应至少为 2L,采样时间应最少为 1min,当洁净室(区)仅有 1 个采样点时,在该点应至少采样 3 次。

当 V_s 很大时,采样时间较长,宜采用顺序采样法。

C.1.4 对于单向流洁净室,采样口应对着气流方向,对于非单向流洁净室,采样口宜向上。采样速度宜接近室内气流速度。

C.1.5 室内测试人员应穿洁净服,不得超过 3 人,测试人员应位于测试点下风侧并远离测试点,并应保持静止。进行换点操作时动作应轻,应减少人员对室内洁净度的干扰。

C.1.6 每个采样次数为 2 次或 2 次以上的采样点,应按下式计算平均粒子浓度:

$$\overline{X}_i = \frac{X_{i1} + X_{i2} + \cdots + X_{in}}{n} \quad \text{(C.1.6)}$$

式中:$\overline{X}_i$ ——采样点 i 的平均粒子浓度,i 可代表任何位置;
X_{i1} 至 X_{in} ——每次采样的粒子浓度;
n ——在采样点 i 的采样次数。

C.1.7 采样点为 1 个时,应按本规范式(C.1.6)计算该点平均粒子浓度。采样点为 10 个或 10 个以上时,应按本规范式(C.1.6)计算各点的平均浓度后,再按下式计算洁净室(区)总平均值:

$$\overline{\overline{X}} = \frac{\overline{X}_{i1} + \overline{X}_{i2} + \cdots + \overline{X}_{im}}{m} \quad \text{(C.1.7)}$$

式中:$\overline{\overline{X}}$ ——各采样点平均值的总平均值;
$\overline{X}_{i1}$ 至 $\overline{X}_{im}$ ——按式(C.1.6)计算的各个采样点的平均值,即洁净室(区)总平均值;
m ——采样点的总数。

C.1.8 置信上限(UCL)的计算应符合下列规定:

1 当采样点只有 1 个或多于 9 个时,不计算 95% 置信上限。

2 采样点为 1 个以上 10 个以下时,除应根据本规范式(C.1.7)计算各采样点的平均值和总平均值外,还应按下式计算总平均值的标准偏差:

$$S = \sqrt{\frac{(\overline{X}_{i1} - \overline{\overline{X}})^2 + (\overline{X}_{i2} - \overline{\overline{X}})^2 + \cdots + (\overline{X}_{im} - \overline{\overline{X}})^2}{m-1}}$$

(C.1.8-1)

3 应按下式计算总平均值的 95％置信上限：

$$95\%UCL = \overline{\overline{X}} + t \times \frac{S}{\sqrt{m}} \quad (C.1.8-2)$$

式中：t——分布系数，应按表 C.1.8 取值。

表 C.1.8　95％置信上限(UCL)的 t 分布系数

采样点数 m	2	3	4	5	6	7～9
t	6.3	2.9	2.4	2.1	2.0	1.9

4 每个采样点测得粒子浓度的平均值 $\overline{X}_1$ 以及洁净室总平均值 95％置信上限均未超过空气洁净度等级的浓度限值时，可认为该洁净室(区)已达到规定的空气洁净度等级。

测试结果未能满足规定的空气洁净度等级时，宜增加均匀分布的新采样点进行测试，应对包括新增采样点数据在内的所有数据重新计算，其结果可作为最终检验结果。

C.2　风速和风量测试

C.2.1　风速测试仪器可使用热球式风速计、超声风速计、叶片式风速计等，风量测试可使用带流量计的风罩、文丘里流量计、孔板流量计等。

C.2.2　单向流设施的截面风速、面风速和风量测试应符合下列规定：

1　对单向流设施的风速测试，应将测试平面垂直于送风气流，该测试平面距离高效空气过滤器出风面应为 150mm～300mm，宜采用 300mm。应将测试平面分成若干面积相等的栅格，栅格数量不应少于测试截面面积(m^2)10 倍的平方根，测点应在每个栅格的中心，全部测点不应少于 4 点。

直接测量过滤器面风速时，测点距离过滤器出风面应为 150mm。应将测试面划分为面积相等的栅格，每个栅格尺寸宜为 600mm×600mm 或更小，测点在每个栅格的中心。

每一点的持续测试时间应至少为 10s，应记录最大值、最小值和平均值。

单向流洁净室(区)的总送风量(Q_t)应按下式计算：

$$Q_t = \sum(V_{CP} \times A) \times 3600 (m^3/h) \quad (C.2.2\text{-}1)$$

式中：V_{CP}——每个栅格的平均风速(m/s)；

A——每个栅格的面积(m^2)。

2 对单向流设施的风速分布测试,应选取工作面高度为测试平面,平面上划分的栅格数量不应少于测试截面面积(m^2)的平方根,测点应在每个栅格的中心。

风速分布的不均匀度 β_0 应按下式计算,不宜大于 0.25：

$$\beta_0 = s/v \quad (C.2.2\text{-}2)$$

式中：v ——各测点风速的平均值；

s ——标准差。

3 风速分布测试宜于空态测试,当安装好工艺设备和工作台时,在其附近测得的数据可不反映洁净室本身的特点。若需测试时,风速分布测试要求应由建设方、测试方协商确定。

C.2.3 非单向流设施的风速、风量的测试应符合下列规定：

1 在每个测点的持续测试时间应至少为 10s。每个空气过滤器或送风散流器的风速、风量测试,可按本规范第 C.2.2 条第 1 款中面风速及风量的测试和计算方法。

2 高效空气过滤器或散流器风口上风侧有较长的支风管段,且已有预留孔时,宜采用风管法测试风量,测量断面应位于大于或等于局部阻力部件前 3 倍管径或长边长和局部阻力部件后 5 倍管径或长边长的部位。

矩形风管的测试断面应划分为若干个相等的小截面,每个小截面宜为正方形,边长不应大于 200mm,测点位于小截面中心,但测点数不应少于 3 点；圆形风管的测试断面,应根据管径大小划分为若干个面积相同的同心圆环,每个圆环测 4 点,圆环数不宜少于 3 个。

3 风罩法测试风量,使用带有流量计的风罩测量空气过滤器的送风量时,风罩的开口应全部罩住空气过滤器或散流器,风罩面应固定在平整的平面上,并应避免空气泄漏造成读数不准确。

在高效空气过滤器或散流器风口的上风侧已安装有文丘里或孔板流量装置时,应利用该流量计直接测量风量。

C.3 静压差的测试

C.3.1 静压差的测试可采用电子压差计、斜管微压计或机械式压差计。

C.3.2 在进行静压差检测前,应确定洁净室送、排风量均符合设计要求。

C.3.3 静压差测试时应关闭洁净区内所有的门,并应从洁净区最里面的房间开始向外依次检测。检测时应注意使测试管的管口不受气流影响。

C.4 已装空气过滤器的检漏

C.4.1 对已安装的高效空气过滤器应进行检漏,应检测高效空气过滤器送风口的整个面、过滤器的周边、过滤器外框和安装框架之间的密封处。检漏时,应从过滤器的上风侧引入测试气溶胶,并应立即在其下风侧进行检测。该项测试宜在洁净室(区)的"空态"或"静态"进行。

C.4.2 高效空气过滤器安装后的检漏方法应采用光度计法和粒子计数器法。光度计法宜用于带小型空气处理系统的洁净室或安装有气溶胶注入点的管路系统,可达到规定的高浓度测试气溶胶;应采用粒子计数器法进行高效空气过滤器安装后的检漏。

C.4.3 采用光度计法进行扫描检漏时,被测试的过滤器的最高穿透粒径的穿透率应等于或大于0.005%。所采用的测试气溶胶不应影响洁净室(区)内的产品或工艺设施。

在进行光度计法检漏前,被测试过滤器应在额定风速的80%～120%运行,并应确认其送风的均匀性。

被测试过滤器的上风向引入的气溶胶的浓度应为$10mg/m^3$～$100mg/m^3$。浓度低于$20mg/m^3$时,可降低检漏的灵敏度,而浓度高于$80mg/m^3$时,长时间测试可造成过滤器的污堵。在过滤器检漏前应确认气溶胶的浓度和均匀性。

检漏扫描时,若采用$3cm×3cm$方形探管,扫描速度不得超过$5cm/s$,矩形探管的最大面积扫描率不得超过$15cm^2/s$。在扫描过程中,显示有等于或大于限值的泄漏时,应将探管停留在泄漏处。高效空气过滤器的泄漏值应以不超过上风向测试气溶胶浓度的10^{-4}为合格。

C.4.4 采用粒子计数器法进行扫描检漏时,被测试的空气过滤器最易穿透粒径的穿透率应大于或等于0.00005%。不应允许采用可能沉积在过滤器或管道上的挥发性油光尘的测试用气溶胶。

在进行粒子计数器检漏前,被测试过滤器应在额定风速的70%～130%运行,并应确认其送风的均匀性。

检漏扫描时,采样口距离被测部位应小于5.0cm,并应以0.05m/s的速度移动。空气高效过滤器下风侧测试得到的泄漏浓度换算的透过率,不得大于该过滤器出厂合格透过率的3倍。

C.4.5 安装在管道或空气处理机内的高效空气过滤器的检漏,检测可采用光度计法或粒子计数器法。安装在管道或空气处理机内的高效空气过滤器采用粒子计数器法检漏时,最易穿透粒径的穿透率应大于0.005%。

检漏时,被检测过滤器应在设计风速的70%～130%之间进行,并应确认其送风均匀性。上风向引入的大气尘或气溶胶浓度应能满足在下风向测试得到具有统计意义的读数。

测试时,采样口应距被测部位30cm～100cm,在管道中应距管壁2.5cm，并应记录实测的含尘浓度。

高效空气过滤器检漏的限值，采用光度计法时，不得超过10^{-4}（0.01%）；采用粒子计数器法时，不得大于出厂合格透过率的3倍。

C.5 气流流型的检测

C.5.1 气流流型的检测应包括气流目测和气流流向的测试。气流目测可采用示踪线法、发烟（雾）法和采用图像处理技术等方法。气流流向的测试宜采用示踪线法、发烟（雾）法和三维法测量气流速度等方法。

C.5.2 采用示踪线法时可采用尼龙单丝线、棉线、薄膜带等轻质纤维，并应放置在测试杆的末端，或装在气流中细丝格栅上，应直接观察出气流的方向和因干扰引起的波动。

C.5.3 采用发烟（雾）法时，可采用去离子水，并应用固态二氧化碳（干冰）或超声波雾化器等生成直径为$0.5\mu m \sim 50\mu m$的水雾，采用四氯化钛（$TiCl_4$）作示踪粒子时，应确保洁净室、室内设备以及操作人员不受四氯化钛产生的酸伤害。

C.5.4 应用图像处理技术进行气流目测时，应采用本规范第C.5.2条得到的在摄像机或膜上的粒子图像数据，并应利用二维空气流速度矢量确认量化的气流特性。

C.5.5 采用三维法测量气流速度时，检测点应选择在关键工作区及其工作面高度。根据建设方要求需进行洁净室（区）的气流方向的均匀分布测试时，应进行多点测试，其测试点的选择宜按本规范第C.2节的方法选用。

C.6 温度的检测

C.6.1 温度测试应确认空气处理设施的温度控制能力。洁净室（区）的温度测试可分为一般温度测试和功能温度测试。一般温度测试应用于"空态"时的洁净室（区）温度测试，功能温度测试应用于洁净室（区）需严格控制温度精度时或建设方要求在"静态"或"动态"进行测试时。

C.6.2 温度测试可采用玻璃温度计、电阻温度检测装置、数字式温度计等。

C.6.3 温度测试应在洁净室（区）气流均匀性测试完成后进行，并应在净化空调系统连续运行24h以上。

C.6.4 一般温度测试的测点，每个温度控制区或每个房间应至少设1个测点，测试点高度宜为工作面高度。测量时间应至少1.0h，并应至少每6min测量一次，读数稳定后应做好记录。

C.6.5 功能温度测试，应将洁净工作区划分为等面积的栅格，每个分格的面积不应超过100m^{2}或与建设方协商确定，每格测点应为1个以上，每个房间测点应至少2个。

测试高度应为工作面高度，距洁净室（区）的吊顶、墙面和地面不应小于300mm，并应计及热源等的影响。测量时间应至少1.0h，并应至少每6min测量一次，读数稳定后应做好记录。

C.7 相对湿度的检测

C.7.1 相对湿度测试应确认空气处理设施的湿度控制能力。湿度测试时洁净室（区）状态应符合本规范第C.6.3条的要求。

C.7.2 相对湿度测试可采用通风干湿球温度计、数字式温湿度计、电容式湿度计、毛发式湿度仪器。

C.7.3 相对湿度测试的测点，测试时间、频度与温度检测的技术要求相同时，宜一同测试。

C.8 密闭性测试

C.8.1 本节适用于确认有无被污染的空气从相邻洁净室（区）或非洁净室（区）通过吊顶、隔墙等表面或门、窗渗漏入洁净室（区）。适用于1级至5级的洁净室（区）进行测试。可采用光度计法和粒子计数器法进行测试。

C.8.2 采用粒子计数器法时,测量被评价表面的洁净室(区)外部的空气中悬浮粒子浓度,应大于洁净室(区)内的浓度 10^4 的倍数,并应至少大于或等于 $3.5×10^6/m^3$;其空气中悬浮粒子浓度不符合要求时,应添加气溶胶提高浓度。

粒子计数器扫描时,仪器应距离洁净室(区)内待测试的接缝密封处或啮合面 5cm~10cm;扫描速度应为 5cm/s。对敞开的门廊处的测试,应在距离洁净室(区)内敞开的门 0.3m~3.0m 处检测空气中悬浮粒子浓度。

C.8.3 采用光度计法,测量洁净室(区)内侧被评价表面的空气中悬浮粒子浓度,在光度计 0.1% 档的设定值时,光度计的读数超过 0.01% 即确认存在渗漏,并应做记录。

C.9 噪声测试

C.9.1 噪声测试宜采用倍频程噪声分析仪,宜检测 A 声压级的数据。洁净室(区)噪声测试状态应为空态。

C.9.2 噪声测试点应在工作面高度进行,宜为距地面 1.2m~1.5m。测试点数量可按每 100m² 洁净室(区)面积一个点计算,且每个房间应至少测 1 个点。

C.10 照度测试

C.10.1 照度测试宜采用便携式数字照度计。

C.10.2 洁净室(区)照度的检测应在室内温度稳定和光源光输出稳定的状态后进行;对新荧光灯区应使用 100h 以上,并应在点燃 15min 后进行测试。

C.10.3 洁净室(区)照度的检测应测试一般照明,不应包括局部照明、应急照明等。

C.10.4 照度测试点应选择在工作面高度进行,宜为 0.85m,通道测试高度宜为 0.2m;测试点数量可按每 50m² 洁净室(区)面积一个点计算,且每个房间不得少于 1 个点。

C.11 自 净 时 间

C.11.1 洁净室的自净时间检测可用于非单向流洁净室,宜以大气尘或烟雾发生器等人工尘源为基准,应采用粒子计数器测试。

C.11.2 自净时间检测应首先测量洁净室内靠近回风口处稳定的含尘浓度(N)。

以大气尘为基准时,当洁净室停止运行、室内含尘浓度已接近于大气浓度时,应测出洁净室内靠近回风口处的含尘浓度(N_0)。然后开机,可设置每间隔6s读数一次,并应直到回风口处的含尘浓度恢复到原来的稳定状态,记录下所需的时间。

以人工尘源为基准时,应将烟雾发生器放置在地面1.8m以上室中心,应发烟1min~2min后停止,等待1min后测出洁净室内靠近回风口处的含尘浓度(N_0)。然后开机,并应进行检测。

C.11.3 计算自净时间可由初始浓度(N_0)、室内达到稳定的浓度(N)、实际换气次数(n)计算,并应与实测自净时间进行对比,实测自净时间不宜大于计算自净时间的1.2倍。

C.11.4 洁净室的自净性能还可采用粒子浓度变化率评估,或直接测量洁净室的自净时间进行评估。

C.12 超微粒子的测试

C.12.1 对洁净室(区)内粒径小于0.1μm的超微粒子的测试,可在三种占用状态中的任一种状态下进行测试。

C.12.2 超微粒子的测试,宜采用凝聚核粒子计数器进行;其采样点和采样流量可按本规范第C.1节的要求进行。

C.13 大粒子的测试

C.13.1 对洁净室(区)内粒径大于5μm的大粒子的测试,可在三种占用状态中的任一种状态下进行测试。

C.13.2 大粒子的测试,宜采用过滤法、粒子计数器计数法等进行测量,其采样点、采样流量可按本规范第 C.1 节的要求进行。

C.14 微振测试

C.14.1 洁净厂房中需要微振控制的精密设备仪器或房间(区域),应进行微振控制设施的建造质量检测。检测宜采用微振测试分析系统进行测试,可包括微振动传感器、专用仪器和计算机分析系统等。

C.14.2 微振测试应按下列规定分阶段进行:

1 洁净厂房建设场地的环境振动测试,应提供振动设计的本底数据;

2 建筑结构振动特性测试,应在结构工程施工完成后,按微振控制设计要求进行测试,校核结构建造质量;

3 精密设备仪器安装地点的环境振动测试,应在洁净厂房中各种公用动力设备安装并试运转后,应按洁净厂房中除生产工艺设备外的所有设施、设备均已正常运转后进行精密设备仪器安装地点的环境振动测试,以最终校核、确定精密设备仪器和相关设施的微振控制措施;

4 精密设备仪器的微振最终测试,应在此类设备试运转后,并应按生产工艺要求的状态进行最终测试,检查微振控制设施的整体建造质量。

C.15 静电测试

C.15.1 洁净室(区)内的地面、墙面和工作台面等的表面导静电性能的测试,应根据生产工艺要求确定。宜采用高阻计进行测试。

C.15.2 在相关表面的导静电测试表面上采用图 C.15.2 所示的测试装置进行表面电阻和泄漏电阻的测量。圆柱形铜电极的直径应为 60mm,质量应为 2.0kg;2 个铜电极之间的距离应大于或等于 900mm。

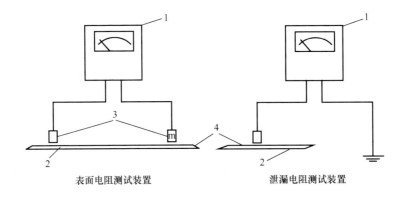

图 C.15.2　表面导静电性能测试装置
1—高阻计；2—被测表面；3—圆柱形铜电极；4—湿滤纸垫

C.16　浮游菌、沉降菌的检测

C.16.1　根据生产工艺要求需要控制洁净室（区）内的微生物污染时，应进行洁净室（区）内空气中微生物污染的检测。微生物污染的检测可在三种占用状态中的任一种状态进行。宜采用浮游菌的测试方法和沉降菌的测试方法。

C.16.2　浮游菌的测试方法应采用采样器采集在空气中的活微生物粒子，通过专门的培养基，在适宜的生长条件下繁殖得到可见的菌落数。浮游菌的测试方法应符合现行国家标准《医药工业洁净室（区）浮游菌的测试方法》GB/T 16293 的有关要求。

C.16.3　沉降菌的测试方法应采用培养皿收集到的活微生物粒子，通过专用的培养基，在适宜的生长条件下繁殖得到可见的菌落数。沉降菌的测试方法应符合现行国家标准《医药工业洁净室（区）沉降菌的测试方法》GB/T 16294 的有关要求。

C.16.4　根据生产工艺要求需要控制洁净室（区）内的微生物活粒子时，还可进行表面微生物污染测量。

附录D 工程质量验收记录用表

D.0.1 金属风管质量验收记录应符合表D.0.1的要求。

表 D.0.1 金属风管的质量验收

工程名称		分项工程名称		验收部位	
施工单位		专业工长		项目经理	
	质量验收规范的规定	施工单位检查评定记录		监理(建设)单位验收记录	
主控项目	1. 材质种类、性能及厚度				
	2. 静压箱、风阀				
	3. 风管强度及严密性检测				
	4. 风管的连接				
	5. 风管的清洗				
一般项目	1. 风管的加固				
	2. 风管的外形尺寸				
	3. 风管检查孔的密封				
	4. 风管柔性小管				
施工单位检查结果评定		项目专业质量检查员： 年 月 日			
监理(建设)单位验收结论		监理工程师： (建设单位项目专业技术负责人) 年 月 日			

D.0.2 非金属、复合材料风管的质量验收记录应符合表D.0.2的要求。

表 D.0.2 非金属、复合材料风管的质量验收

工程名称		分项工程名称		验收部位	
施工单位		专业工长		项目经理	
	质量验收规范的规定		施工单位检查评定记录		监理(建设)单位验收记录
主控项目	1. 材质种类、性能及厚度				
	2. 复合材料风管的材料				
	3. 风管强度及严密性检测				
	4. 风管的连接				
	5. 复合材料风管的连接				
一般项目	1. 风管的外形尺寸				
	2. 硬聚氯乙烯风管				
	3. 有机玻璃钢风管				
	4. 无机下玻璃钢风管				
施工单位检查结果评定		项目专业质量检查员： 年 月 日			
监理(建设)单位验收结论		监理工程师： (建设单位项目专业技术负责人) 年 月 日			

D.0.3 净化空调系统风管安装检验批质量验收应符合表D.0.3的要求。

表D.0.3 净化空调系统风管安装检验批质量验收记录

工程名称		分项工程名称		验收部位	
施工单位		专业工长		项目经理	
	质量验收规范的规定		施工单位检查评定记录		监理(建设)单位验收记录
主控项目	1. 风管穿越防火、防爆墙				
	2. 风管穿越洁净室(区)墙、顶棚				
	3. 风管内严禁其他管线穿越				
	4. 风阀的安装				
	5. 风口安装				
	6. 风管严密性检验				
	7. 风管清洁				
	8. 风管保温				
一般项目	1. 风管连接、固定				
	2. 风管保温外表面				
施工单位检查结果评定		项目专业质量检查员: 年 月 日				
监理(建设)单位验收结论		监理工程师: (建设单位项目专业技术负责人) 年 月 日				

D.0.4 空气净化设备安装检验批质量验收应符合表 D.0.4 的要求。

表 D.0.4 空气净化设备安装检验批质量验收记录

工程名称		分项工程名称		验收部位		
施工单位		专业工长		项目经理		
	质量验收规范的规定		施工单位检查评定记录		监理(建设)单位验收记录	
主控项目	1. 高效过滤器的安装					
	2. FFU 的安装					
	3. 空调器的安装					
	4. 洁净层流罩的安装					
	5. 电加热器的安装					
一般项目	1. 空气吹淋器的安装					
	2. 余压阀的安装					
	3. 干表冷器的安装					
	4. 真空吸尘器的安装					
施工单位检查结果评定		项目专业质量检查员: 年 月 日				
监理(建设)单位验收结论		监理工程师: (建设单位项目专业技术负责人) 年 月 日				

D.0.5 配管工程检验记录应符合表 D.0.5-1～表 D.0.5-4 的要求。

表 D.0.5-1 管道系统试验记录

项目：		装置：				工号：		
管线号	材质	设计参数		压力试验			泄漏性/真空试验		
		压力(MPa)	介质	压力(MPa)	介质	鉴定	压力(MPa)	介质	鉴定
建设单位：			＿＿＿＿单位			施工单位： 检验员： 试验人员：		
年 月 日			年 月 日			年 月 日		

表 D.0.5-2 阀门试验记录

项目：				装置：			工号：	
型号规格	数量	压力试验			严密性/泄漏试验		结果	日期
		介质	压力(MPa)	时间(min)	介质	压力(MPa)	时间(min)	
备注：								
检验员：					试验人：			

表 D.0.5-3 隐蔽工程记录

项目：	装置：	工号：
隐蔽部位封闭	施工图号	
隐蔽前的检查封闭：		
隐蔽方法封闭：		
简图说明：		
建设单位： 年　月　日	＿＿＿＿＿单位 年　月　日	施工单位： 检验员： 试验人员： 年　月　日

表 D.0.5-4 管道系统吹扫及清洗记录

项目：			装置：			工号：		
管线号	材质	吹扫				化学清洗		管线复位(含滤芯、垫片、盲板等)检查
		压力(MPa)	介质	流速(m/s)	鉴定	介质	方法	鉴定

建设单位：	_____单位	施工单位：
		检验员：
		试验人员：
年　月　日	年　月　日	年　月　日

本规范用词说明

1 为便于在执行本规范条文时区别对待,对要求严格程度不同的用词说明如下:
　　1)表示很严格,非这样做不可的:
　　　　正面词采用"必须",反面词采用"严禁";
　　2)表示严格,在正常情况下均应这样做的:
　　　　正面词采用"应",反面词采用"不应"或"不得";
　　3)表示允许稍有选择,在条件许可时首先应这样做的:
　　　　正面词采用"宜",反面词采用"不宜";
　　4)表示有选择,在一定条件下可以这样做的,采用"可"。
2　条文中指明应按其他有关标准执行的写法为:"应符合……的规定"或"应按……执行"。

引用标准名录

《洁净厂房设计规范》GB 50073
《电气装置安装工程接地装置施工及验收规范》GB 50169
《建筑装饰装修工程质量验收规范》GB 50210
《工业金属管道工程施工规范》GB 50235
《现场设备、工业管道焊接工程施工规范》GB 50236
《通风与空调工程施工质量验收规范》GB 50243
《风机、压缩机、泵安装工程施工及验收规范》GB 50275
《建筑工程施工质量验收统一标准》GB 50300
《建筑电气工程施工质量验收规范》GB 50303
《建筑内部装修防火施工及验收规范》GB 50354
《防静电工程施工与质量验收规范》GB 50944
《组合式空调机组》GB/T 14294
《医药工业洁净室(区)浮游菌的测试方法》GB/T 16293
《医药工业洁净室(区)沉降菌的测试方法》GB/T 16294
《建筑室内用腻子》JG/T 298
《空气过滤器　分级与标识》CRAA 430

中华人民共和国国家标准

洁净厂房施工及质量验收规范

GB 51110 - 2015

条 文 说 明

制 订 说 明

《洁净厂房施工及质量验收规范》GB 51110—2015 经住房与城乡建设部于 2015 年 5 月 11 日以 819 号公告批准发布。

本规范编制过程中,编写组紧密结合我国洁净厂房施工建造的工程实践,做到有利于新技术、新设备、新材料的应用,开展了广泛的调查研究,实事求是地总结了近年来洁净厂房施工建造中的经验、教训,并参照了国外的相关技术规范、标准——《洁净室及相关受控环境》ISO 14644、《洁净室及相关受控环境——生物污染控制》ISO 14698。

为便于洁净厂房建造、施工和质量验收以及相关设计、科研等单位有关人员在使用本规范时能正确理解和执行条文规定,编写组按章节、条顺序编制了条文说明,对条文规定的目的、依据以及执行中需要注意的有关事项进行了说明,还着重对强制性条文的强制性理由作了解释。但是,本条文说明不具备与规范正文同等的法律效力,仅供使用者作为理解和把握规范规定的参考。

目　次

1　总　则 …………………………………………………(129)
3　基本规定 ………………………………………………(130)
4　建筑装饰装修 …………………………………………(131)
　　4.1　一般规定 …………………………………………(131)
　　4.2　墙、柱、顶涂装工程 ……………………………(132)
　　4.3　地面涂装工程 ……………………………………(133)
　　4.4　高架地板 …………………………………………(133)
　　4.5　吊顶工程 …………………………………………(134)
　　4.6　墙体工程 …………………………………………(136)
　　4.7　门窗安装工程 ……………………………………(137)
5　净化空调系统 …………………………………………(139)
　　5.1　一般规定 …………………………………………(139)
　　5.2　风管及部件 ………………………………………(139)
　　5.3　风管系统安装 ……………………………………(142)
　　5.4　净化空调设备安装 ………………………………(144)
　　5.5　系统调试 …………………………………………(147)
6　排风及废气处理 ………………………………………(150)
　　6.1　一般规定 …………………………………………(150)
　　6.2　风管、附件 ………………………………………(150)
　　6.3　排风系统安装 ……………………………………(152)
　　6.4　废气处理设备安装 ………………………………(153)
　　6.5　系统调试 …………………………………………(155)
7　配管工程 ………………………………………………(157)
　　7.1　一般规定 …………………………………………(157)

7.2　碳素钢管道安装 …………………………………………（158）
　7.3　不锈钢管道安装 …………………………………………（159）
　7.4　BA/EP 不锈钢管道安装 …………………………………（160）
　7.5　PP/PE 管道安装 …………………………………………（161）
　7.6　PVDF 管道安装 ……………………………………………（163）
　7.7　PVC 管道安装 ………………………………………………（164）
　7.8　配管检验和试验 ……………………………………………（165）
8　消防、安全设施安装 ……………………………………………（167）
　8.1　一般规定 ……………………………………………………（167）
　8.2　管线安装 ……………………………………………………（167）
　8.3　消防、安全设备安装 ………………………………………（168）
9　电气设施安装 ……………………………………………………（170）
　9.1　一般规定 ……………………………………………………（170）
　9.2　电气线路安装 ………………………………………………（170）
　9.3　电气设备安装 ………………………………………………（171）
　9.4　防雷及接地设施安装 ………………………………………（171）
10　微振控制设施施工 ……………………………………………（173）
　10.1　一般规定 …………………………………………………（173）
　10.2　微振控制设施施工 ………………………………………（173）
11　噪声控制设施安装 ……………………………………………（174）
　11.1　一般规定 …………………………………………………（174）
　11.2　噪声控制设施安装 ………………………………………（174）
12　特种设施安装 …………………………………………………（176）
　12.1　一般规定 …………………………………………………（176）
　12.2　高纯气体、特种气体供应设施安装 ……………………（176）
　12.3　纯水供应设施安装 ………………………………………（177）
　12.4　化学品供应设施安装 ……………………………………（178）
13　生产设备安装 …………………………………………………（180）
　13.1　一般规定 …………………………………………………（180）

- 13.2 设备安装 …………………………………………… (180)
- 13.3 二次配管配线 ……………………………………… (181)
- 14 验　收 ………………………………………………… (182)
  - 14.1 一般规定 …………………………………………… (182)
  - 14.2 洁净厂房的测试 …………………………………… (183)
  - 14.3 竣工验收 …………………………………………… (184)
  - 14.4 性能验收 …………………………………………… (185)
  - 14.5 使用验收 …………………………………………… (186)
- 附录B　测试项目的选择和实施顺序 ………………… (187)
- 附录C　测试方法 ……………………………………… (192)

1 总 则

1.0.1 本条明确了制定本规范的目的。

1.0.2 本条明确了本规范的适用范围，是新建、改建和扩建的各种产品生产用洁净厂房的施工及质量验收。工业洁净厂房的种类繁多，如电子产品、药品、保健品、食品、医疗器械、精密机械、精细化工、航空、航天、核工业产品等生产用洁净厂房，它们之间除了规模、产品生产工艺等不相同外，其各类洁净厂房的最大差异是对污染物控制目标不同，以主要控制微粒或微生物或化学污染物或同时控制两种以上污染物。

1.0.3 本条说明了本规范中的施工质量验收部分与现行国家标准《建筑工程施工质量验收统一标准》GB 50300 的关联性，强调了在进行洁净厂房工程的施工质量验收时，还应遵守该规范的相关规定。

1.0.4 鉴于洁净厂房工程的施工及质量验收涉及很多的工程技术、设备和配管、配线，本规范不可能包含所有的内容，为全面满足和完善工程的验收标准，本条明确除应执行本规范的规定外，还应执行国家现行有关标准、规范的规定。

3 基本规定

3.0.1 本条规定了洁净厂房工程施工应有施工方案、施工程序，并在本规范附录 A 中介绍了一个洁净厂房的主要施工程序图供参考。由于洁净厂房工程施工涉及的专业、工种较多，常常需要平衡或交叉作业，为确保洁净厂房整体施工质量和施工安全，本条强调在制订施工方案、施工程序和实施中，应做到各专业或工种的施工阶段明确(包括任务、内容等)，专业或工种之间的交接(包括施工内容、成品或半成品)清楚(有文字记载)，各专业或工种一定要做到协调施工等。

3.0.2 本条所指的深化设计，主要是指具体的洁净厂房工程根据实际状况的需要，若原施工图设计深度不能满足安装施工要求或改建、扩建洁净厂房时，根据建设单位的委托，由承建的施工单位进行的施工详图设计。本条针对此类情况，为提高设计质量，避免不必要的差错以致事故的发生，对深化设计所作的规定。在进行深化设计时，应执行现行国家标准《洁净厂房设计规范》GB 50073、《电子工厂洁净厂房设计规范》GB 50472、《医药工业洁净厂房设计规范》GB 50457 等的相关规定。

3.0.3 洁净厂房工程中建筑装饰、净化空调、排风与废气处理，配管工程以及各类设施的施工过程中均有各种类型的隐蔽工程，本条规定各种类型的隐蔽工程都应在隐蔽前进行验收并认可签证，留下符合实际状况的记载。验收、签证应由建设单位或与建设单位有合约的监理单位人员负责。

3.0.4 本条规定了洁净厂房工程分项工程检验批施工质量验收合格的基本条件。

4 建筑装饰装修

4.1 一般规定

4.1.1 目前我国洁净厂房的建筑装饰装修工程基本上有两种形式,一是所谓"土建式",即洁净室的装饰装修是在墙体、吊顶的砌体抹灰工程完成后进行;二是装配式,即在洁净厂房的外围护结构施工完成后,采用外购的金属壁板组装为所需各个洁净室(区)内的隔墙、吊顶。无论采用哪一种形式,在洁净厂房工程设计时的建筑施工图中,虽然已有各洁净室(区)的平面布置和门、窗、风口、灯具等的位置、尺寸等,但一般并未达到装饰装修施工所需的施工详图深度;另外,洁净室的装饰装修大部分均由专业洁净工程公司承建,而不是由土建施工单位承建。因此本条对洁净厂房的建筑装饰装修工程进行施工详图设计时,明确了施工详图应包括的主要内容,具体工程项目可根据具体条件还可增加必要的内容。该施工详图应经原工程设计单位的确认、签证和建设单位的同意方可实施,这既有利于建筑物的安全,也有利于各专业技术协调一致,减少不必要的差错或重复。

4.1.3 本条规定了洁净厂房建筑装饰装修工程所需材料的选择原则,由于洁净室的装饰装修工程属于具有特殊要求的装饰装修,技术复杂、施工难度大,为确保施工质量,从材料选择开始必须认真执行本规范的规定。本条第 1 款主要是强调应符合原设计单位的项目施工图的要求,以便实现对设计意图的体现。本条第 4 款中要求采用不霉变、防水、可清洗、易清洁和不挥发分子污染物的材料,这里所说的分子污染物主要是酸、碱、生物毒素、可凝结物、腐蚀物、掺杂物、有机物、氧化剂等,按物质划分有数十种,如氨、盐酸、氟化氢、硫化氢、异丙醇、臭氧、二氧化硫、氧化氮、二甲苯等,这些污染物除了来自室外空气,还来自建筑材料、厂房内的设备和工器具、人员等污染源。

4.1.4 本条是对洁净厂房装饰装修工程施工条件的规定,其中"厂房主体结构",除了包括洁净厂房的结构工程外,还应包括厂房的外围护结构,包含外墙及其门窗等。

4.1.5~4.1.8 由于洁净厂房的装饰装修的洁净要求,为确保工程施工质量,本规范对其施工条件、施工管理等作了通用性的规定,具体工程施工时都应认真地遵守这些规定,做好洁净厂房装饰装修工程的施工现场的管理。

4.2 墙、柱、顶涂装工程

4.2.3 为确保涂装工程的质量,在进行涂装前应认真检查确认基层状况,如基层养护是否达到设计要求,表面平整度、垂直度以及表面状况是否异常等,若不能达到要求将影响涂装层质量,为此本条作了对基层状况的质量验收规定。

Ⅰ 主控项目

4.2.4 涂装工程所用涂料是确保施工质量的物质基础,本条作了涂料品种、型号、性能应符合设计要求(包括工程设计或深化的施工详图设计)的规定。

4.2.5 本条对涂装基层为混凝土或抹灰时的含水率作出了量化指标的规定,应按要求进行抽验分析,并应在分析合格后才能进行涂装施工,也要做好施工记录。

4.2.6 本条对涂装环境、条件和质量作出了规定。为确保涂装质量,条文推荐不能在阴天施工,并且环境温度应控制在10℃~35℃。

4.2.7 涂装工程与门窗等之间衔接处的施工质量将对洁净室(区)的洁净度等级和气密性带来影响,为此本条作出了质量验收主控项目的规定,并规定做全数检查。

Ⅱ 一般项目

4.2.8、4.2.9 这两条对涂装层的颜色、表面状态、装饰线的允许偏差等作出了质量验收的一般项目规定。但考虑到这些内容均为表现质量,容易发现、察觉,所以规定为全数检查,避免遗漏。

4.3 地面涂装工程

4.3.2 为确保地面涂装工程质量,在进行地面涂装前应认真确认基层状况,当不符合要求时,应进行打磨、清理、修补等工作;由于溶剂型涂料和环氧树脂地坪施工完成后,若基层发生渗水等现象时,将会使涂层出现鼓泡、起皮等质量事故,为此作了本条第5款的规定。

Ⅰ 主控项目

4.3.4 本条规定了基层表面的主控项目的质量验收内容,应严格遵守,并做好施工记录。

4.3.5、4.3.6 这两条规定了面层的结合层、面层涂装的施工质量验收主控项目内容,应严格遵守,并做好施工记录。

4.3.7 本条规定了地面涂装用材料的要求,为避免因材料选择不当,影响洁净室(区)内的空气洁净度等级,条文强调所选材料应具有防霉、少产尘、不积尘等对产品质量无害的相关性能。为严格执行,规定为全数检查,并做好进场检查、验收记录,以备检查。

4.4 高架地板

4.4.1 鉴于高架地板通常都是外购产品,所以强调检查产品合格证,核查技术性能、技术指标的检测或测试报告,并应符合工程设计和承重要求。

4.4.3、4.4.4 洁净厂房内的高架地板面层既应满足空气洁净度等级要求,还应满足产品生产工艺要求和安全性要求,为此作了条文的相关规定。对有防静电要求的高架地板,强调在安装前应检查出厂的防静电性能检测是否符合设计要求。

Ⅰ 主控项目

4.4.5 为确保洁净室(区)内的回风量、气流流型的需要,对有通风要求的高架地板应符合设计要求的开孔率及开孔方式,以达到所要求的送回风要求和空气洁净度等级,为此本条规定是施工质量验收的主控项目内容,应认真执行。但考虑到此类高架地板均为工厂制造,通常一致性较好,所以只作5%的抽查。

4.4.6 由于高架地板支撑立杆与地面连接的施工质量是确保其平整、牢固的主要条件,为此本条对高架地板支撑立杆安装作出了相关的规定。

Ⅱ 一 般 项 目

4.4.8、4.4.9 这两条是对洁净厂房内高架地板的安装前施工放线和安装后牢固性、表面质量以及检查方法作出的施工质量验收规定。考虑到安装前放线工作的整体性和安装后的表现质量检查,为此规定进行全数检查。

4.4.10 由于高架地板为工厂制造的产品,其尺寸、模数与具体洁净厂房的建筑模数不一定相符,安装过程中在边角位置应采用现场加工的非标准高架地板补齐,在洁净室(区)内的机台位置通常也应采用非标准高架地板补齐,为此本条规定了洁净室(区)内边角位置或机台部位的非标准高架地板板块的安装施工质量验收要求。

4.5 吊 顶 工 程

4.5.1 洁净厂房吊顶工程施工质量验收是洁净厂房施工验收中十分重要的组成部分,鉴于厂房吊顶内有各类管道、功能设施甚至设置有部分设备,其种类繁多、技术复杂,为确保吊顶工程的使用安全,并在竣工验收时不会带来饰面的损坏,所以吊顶工程安装施工前对相关隐蔽工程的验收十分重要,为此在条文中对隐蔽工程的验收、交接作出了规定。

4.5.4 本条对吊顶工程的预埋件、吊杆的防锈处理和吊顶上部作为静压箱时的气密性要求作出了相关规定,既是确保吊顶工程的使用安全,也是做到减少污染和确保净化空调系统可靠运行所要求的条件。

Ⅰ 主控项目

4.5.6 依据洁净厂房的特点,吊顶是洁净室(区)重要的上部结构部件,在吊顶之上设有高效过滤器送风口、照明灯具、火灾探测器等设施,吊顶的可靠固定和吊挂,并且不应受到设备、管线作业行为的影响,是确保洁净厂房结构安全和稳定运行的重要条件之一;在洁净厂房运行维护中,作业人员需要在吊顶上行走,进行维护管理,所以也是确保作业人员安全的硬件条件,为此本条作了强制性规定。

4.5.7 本条规定了穿越洁净室(区)吊顶的各类洞口的气密性要求的施工质量验收的主控项目内容,它是确保洁净室(区)空气洁净度和防止污染的重要措施,应严格遵守,为此作了全数检查的规定。

4.5.8 本条规定了吊顶的标高、尺寸、板间缝隙等的施工质量验收主控项目的要求,并规定了每一条板间缝隙的允许误差和涂抹密封胶的要求。这些规定是确保吊顶的气密性的重要措施,应严格遵守。

4.5.9 本条规定吊顶板的材质选择应符合设计要求,鉴于目前吊顶板一般均为工厂制造,所以强调进场验收检查、记录和出厂产品合格证书、性能检测报告的检查、记录等。

4.5.10 本条规定了吊顶吊杆的间距要求和吊杆与主龙骨端部的距离,实际上是规定了吊杆必需的数量,为确保吊顶的施工质量创造了条件,所以施工质量验收时应严格测量实际距离与本条规定的相符性。

Ⅱ 一般项目

4.5.12 吊杆、龙骨及连接方式是实现洁净室吊顶施工质量的重要条件、措施,为此本条规定应符合设计要求(包括工程设计或详图设计);对于金属吊杆、龙骨还应进行防腐处理,如镀锌、涂漆等。

4.5.13、4.5.14 为实现洁净室(区)内的空气洁净度等级,减少甚至去除吊顶板表面污染物是重要措施之一,为此作了本条对吊顶板表面质量要求的规定。

4.6 墙体工程

4.6.2 为保持洁净室(区)墙体施工过程的清洁管理和安装施工后避免相关专业施工对墙体的损伤等事件的发生,本条规定了洁净室(区)内墙体工程施工前应具备的条件与进行验收和交接的规定。

4.6.3 本条规定在墙体工程验收时应具有的文件和记录,既可使验收工作有文件依据,又可按相关标准规定进行对照核查;本条要求应有隐蔽工程验收记录,避免因核查漏项造成运行中的隐患。

Ⅰ 主 控 项 目

4.6.5 本条规定了墙体材料的质量验收主控项目的内容。这里需说明的是,有关填充材料是指墙体采用金属壁板时所采用的夹芯材料类型及其性能,根据现行国家标准《洁净厂房设计规范》GB 50073的规定,该夹芯材料应采用不燃烧体,并不得采用复合有机材料。

4.6.6 本条规定了金属壁板安装及其安装前放线的质量验收主控项目内容的要求。

4.6.7 本条对墙体面板接缝间隙及其密封胶涂抹的质量验收作出了规定。其中墙体面板接缝误差值是对各面板的每一条接缝的要求;强调面板接缝间隙的密封胶应在正压面[一般均在洁净室(区)内]涂覆,以确保气密性。

4.6.8、4.6.9 这两条对墙体面板上各种预留洞口或现场套割洞口的质量验收主控项目内容作出了规定。这些规定的认真实施是实现洁净室(区)的气密性的重要条件。

Ⅱ 一 般 项 目

4.6.11 本条对墙体板材与其相关的吊顶板等的安装质量验收作出了规定。由于墙体板与吊顶板交接处常常是施工安装的难点,为确保安装质量在施工过程中应采用防止开裂的措施；在交接处也不可避免地会有接缝间隙出现，应以密封胶涂覆，以保持气密性；拐角处只规定宜采用圆角，未规定圆角的半径要求，可由施工过程确定。

4.6.12 本条对墙表面色泽以及面膜状态等的质量验收作出了规定。金属壁板由工厂制造，出厂时为保护表面不被损坏，均以保护膜覆于表面，该膜应在洁净室（区）施工安装完成后，在试运转过程中按规定才能撕去，所以本条规定"应完好无损"。

4.6.13 本条对板材安装的允许误差、检查方法的质量验收作出了规定。据了解，目前各洁净厂房的专业施工单位基本上均能达到本条的要求。

4.7 门窗安装工程

Ⅰ 主控项目

4.7.4 本条对洁净室门窗质量验收主控项目各项内容的规定，是确保洁净室门窗施工安装质量的基本要求，这里强调均应符合设计（工程设计和施工详图设计）要求；若为外购产品时，还应认真检查产品（包括产品制作用材料）的合格证书、性能检测报告和现场验收记录等。

4.7.5～4.7.7 这几条对门窗表面、门窗边框的安装以及边框与墙体之间缝隙的质量验收主控项目内容作出了规定，这些规定对门窗的气密性、密闭性和不产尘、不积尘、易清洗和无菌消毒都是十分重要的，应严格执行。

4.7.8 洁净室门的配件质量是确保制作质量优良门的十分重要的条件，为此本条对门配件的质量验收主控项目内容作出了规定。

Ⅱ 一般项目

4.7.9、4.7.10 这两条对门窗表面色泽、门扇安装的质量验收作出了规定；强调门扇既应牢固安装，又应开关灵活，关闭严密，才能确保门的施工安装质量。

4.7.11 本条对门窗安装的允许偏差和检验方法作出了规定,据了解,这些规定是目前国内洁净厂房专业施工企业遵循的基本要求。

5 净化空调系统

5.1 一般规定

5.1.2、5.1.3 施工中使用的材料、附件和设备是确保净化空调系统施工质量的物质基础,为此这两条作了如下规定:

(1)应符合工程设计图纸中对材料、附件和设备的型号、规格、技术性能等的要求,在施工、验收时均应认真核查,不得有差异。

(2)所使用的材料、附件和设备的内部、表面以及材质均不得产生或散发影响洁净厂房内产品生产的正常进行、产量质量和人员健康的有害物质,这里所要求的不得产生或散发的有害物质,其内涵较为广泛,有的容易认知和控制,如影响人员健康的甲醛等;有的则不容易认知和控制,尤其是影响产品质量的有害物质,常常是与产品生产工艺、产品特性等有关的化学污染物,建议施工企业与建设单位签订合约时,宜增加此项内容,并由建设单位认真研究和提出要求。

5.1.5 本条对洁净厂房的净化空调系统的调试和试运转前应具备的条件进行了规定,为防止调试和试运转后的净化空调系统被污染或在调试过程中被洁净室(区)未完工的工程所污染,应在洁净室(区)的建筑装饰装修验收合格和各种管线施工完成后进行,这里没有强调各种管线应验收合格,但宜进行初步验收,如管路吹扫和试压合格等,并应进行相关交接手续的办理。

5.2 风管及部件

5.2.1 鉴于国内洁净厂房的净化空调系统施工的实际状况是:对于空气洁净度等级为1级至5级时,均按现行国家标准《通风与空调工程施工质量验收规范》GB 50243 的规定中的高压风管系统的相关规定进行风管、附件的制作、加工、质量验收;6级至9级则按中压风管系统,所以本条规定:风管、附件的制作、加工、质量验收除了遵守本规范的规定外,还应符合现行国家标准《通风与空调工程施工质量验收规范》GB 50243的相关规定。

5.2.2 目前国内一些城市、地区已有不同规模、水平的风管、附件专业化生产企业,它们以产品形式出售风管、附件,为此本条规定,当具体项目选择外购时(若有可能,应该提倡这种方式),应提供产品合格证书和相应的强度及严密性试验报告;对于这类"产品"应进行施工现场进场验收核查,符合要求后方可使用,并做好核查记录。

5.2.3 由于各种类型的洁净厂房中的产品生产要求不同,对净化空调系统风管的材质要求是不同的,所以本条规定:

(1)应按工程设计文件要求选择;

(2)若工程设计文件无要求时,一般宜采用镀锌钢板;

(3)当洁净厂房中生产的产品生产工艺要求或环境条件(如生产环境具有腐蚀性时)必须采用非金属风管时,应采用不燃材料或B1类难燃材料,为防止污染还应做到表面光滑、平整、不产尘、不霉变等。

Ⅰ 主控项目

5.2.4 为确保净化空调系统的送风、回风管做到易清洁、不产尘、不积尘和严密性好的要求,本条对风管的制作进行了相应的规定,其理由主要是:

(1)若采用拼接缝或在风管内设加固框、加固筋等,将会使风管内表面凹凸不平或出现积存污染物的"死角",容易积尘,也不易清洁;

(2)连接用螺栓、铆钉等的材质与风管材质匹配不当,将可能产生电化学腐蚀;

(3)若镀锌钢板风管出现镀锌层表层大面积白花、镀层粉化等损坏现象,将会使安装后或运行中的风管发生锈蚀、产尘,污染洁

净空气;

(4)对于空气洁净度等级为1级至5级的洁净室(区),由于对污染物的严格控制要求,若送风、回风管采用按扣式咬口形式,将会使风管内因不易清洁降低送、回风洁净度;

(5)风管连接的法兰上的螺栓或铆钉孔的间距大小将会影响风管的严密性,所以应按不同空气洁净度等级分别规定不同的间距要求。

5.2.5 根据洁净厂房的净化空调系统对风管清洁度的要求,本条规定了风管现场制作、存放和清洗的要求,其中尤其重要的是风管的清洗和清洗后的存放,本条作了3款规定,这些规定对于确保现场施工人员的健康和风管的清洁度以及施工后的净化空调系统的工程施工质量都是十分重要的,经施工实践表明这些都是行之有效的技术措施。

5.2.6、5.2.7 风管的漏光检查和强度及严密性试验是检查和确保风管加工、制作质量的重要手段,应在风管清洗后认真地进行。

(1)风管漏光法检查应按现行国家标准《通风与空调工程施工质量验收规范》GB 50243的附录A进行,净化空调系统风管可采用每10m接缝,漏光点不大于1处,且每100m接缝平均不大于8处为合格。

(2)风管强度试验用以检查风管的承压能力,确保系统的安全运行,一般以1.5倍工作压力进行气压试验,以没有发现风管的接缝或其他各连接处开裂等损坏现象为合格。

(3)风管的严密性试验是在工作压力下进行漏风量检测,净化空调系统的漏风量检测方法应按现行国家标准《通风与空调工程施工质量验收规范》GB 50243附录A进行,风管的允许漏风量应执行该规范中第4.2.5条的相关规定,对中压系统的矩形风管,其单位面积风管单位时间内的允许漏风量为小于或等于 $0.0352P^{0.65}[m^3/(h \cdot m^2)]$,高压系统的矩形风管应为小于或等于 $0.0117P^{0.65}[m^3/(h \cdot m^2)]$,$P$ 为风管系统工作压力;圆形风管的允许漏风量应为矩形风管规定值的50%。

空气洁净度等级为1级至5级的洁净室（区）的净化空调系统的允许漏风量应按高压系统的规定，6级至9级的洁净室（区）的净化空调系统应按中压系统的规定。

5.2.8、5.2.9 根据净化空调系统的清洁度、严密性和防污染的要求，这两条对净化空调系统的静压箱本体及各类风阀的活动件等的防腐和严密性检测进行了规定。

Ⅱ 一般项目

5.2.10、5.2.11 风管制作质量的一般项目的规定，包括允许偏差、焊缝质量、风管连接和加固措施等，除应遵守现行国家标准《通风与空调工程施工质量验收规范》GB 50243的相关规定外，为确保风管的严密性和避免送、回风的被污染，本条还规定了风管的咬口缝、法兰翻边和风管与附件连接处均不得有裂缝或缝隙，若出现微小裂缝、缝隙或孔洞，均应涂覆密封胶等；若镀锌钢板风管加工过程出现镀层损坏等缺陷时，还应刷防锈涂料，如环氧富锌漆2层以上等。由于净化空调系统风管一般均应保温，所以规定风管边长大于或等于800mm的风管应采取加固措施。

5.2.12 根据目前洁净厂房的净化空调系统的实际装设情况，为了对洁净室的性能参数进行认证检测，均应设测试孔；为了维修、清洁的需要，现有净化空调系统均设有检查门，并对检查门采取相应的密封措施。为此作了本条的规定。

5.2.13 本条规定了以帆布等材料制作的净化空调系统的柔性软管的材料选择、短管长度、连接处的密封等要求，以确保软管的安全运行。为防止施工过程中以图方便将柔性软管作为风管安装的找正、找平，影响施工质量甚至诱发软管的破损隐患，为此本条明确规定此类软管不得作为风管的找正、找平。

5.3 风管系统安装

5.3.1、5.3.2 这两条规定虽然都是施工程序的要求，但若不按此程序进行施工,将会影响净化空调系统风管安装的质量。为防止已经过清洗的风管安装时或安装后被污染,一般均应在洁净地面施工完成,并在具有防尘措施的条件下方可进行风管系统的安装。

5.3.3 为确保风管系统的可靠固定,本条要求风管的支、吊架应牢固与建筑围护结构连接,且支、吊架应进行防腐处理。

Ⅰ 主 控 项 目

5.3.4 鉴于净化空调系统的特点,本条第1款～第3款都是为确保风管系统的清洁度要求所作的相关规定;第4款是为确保风管系统的气密性,对法兰垫片的选用、制作安装进行的规定;第5款是对穿越洁净室(区)的吊顶、隔墙等围护结构时,为确保气密性所作的规定。第6款是强制性条款,规定净化空调系统的风管内严禁其他管线穿越,由于其他管线种类繁多,既有各类气体、各种水或化学品,还有各类电气线路,作出本款规定既是确保洁净厂房的安全运行,又是确保送风空气质量的重要措施,为此必须严格执行。

5.3.5 洁净室(区)的风口包括送风口、回风口的安装质量,是净化空调系统施工中的重要环节之一,本条作了五款规定以确保风口的洁净、牢固、气密性好,并做到与灯具、报警器等协调、整齐、美观。

5.3.6 本条与本规范第5.2.7条的规定相似,由于洁净室(区)的规模不同,各个等级的洁净室的净化空调系统的风压会有多种,可能有高压系统、中压系统等;且不同空气洁净度等级需有不同的检测要求,对于空气洁净度等级为1级至5级的净化空调系统应按高压系统要求全数进行检测,其矩形风管漏风量不超过 $0.0117P^{0.65}[m^3/(h \cdot m^2)]$ 为合格;对于空气洁净度等级为6级至9级的净化空调系统应按中压系统要求,抽检30%,且不得少于1个系统,其矩形风管的漏风量不超过 $0.0352P^{0.65}[m^3/(h \cdot m^2)]$ 为合格。

5.3.7 由于净化空调系统的部件、阀门的安装与一般空调系统相似,为提高安装质量,本条将抽查数量提高至30%。

5.3.8 由于洁净厂房的送风量一般较大,且送、回风温度要求较严格,为减少能源消耗和确保性能参数,现有净化空调系统的送风、回风管都设有绝热保温,为此本条规定净化空调系统送风、回风管均需绝热保温,其绝热保温层的施工验收与一般空调相似,所以应按现行国家标准《通风与空调工程施工质量验收规范》GB 50243中的相关规定执行;但鉴于洁净厂房的特点,本条规定在强调绝热保温材料的材质、密度、规格和厚度应符合工程设计文件要求的同时,进一步强调"不得采用易产尘、霉变的材料",如不得采用玻璃纤维、短纤维矿棉、石棉制品等。

Ⅱ 一 般 项 目

5.3.10 为确保净化空调系统风管安装的施工质量,避免安装施工过程中对风管系统带来污染,为此本条作出相应规定,经过清洗密封的风管端口的封膜一旦开启后应即时进行安装、连接,即使由于各种原因,需要暂时停顿安装或夜间较长时间停工时,均应将端口重新密封。

5.3.11 本条规定了两方面的要求,一是所有净化空调系统的送风、回风管道的绝热保温层外表面均应平整、密封、无松弛现象;二是由于敷设在洁净室(区)内的风管较少,常常是无须保温,若有绝热保温要求时,则保温层外表面应光滑、不积尘、不吸尘、易于擦拭,接缝处应以密封胶密封。一般采用金属外壳保护为好。

5.4 净化空调设备安装

5.4.1～5.4.3 这几条是净化空调设备安装施工质量验收的通用要求。

(1)齐全的随机文件,既代表了产品的内涵质量,又是安装、运行的依据,相关各方均应十分重视。

(2)设备的开箱检查、验收是设备交接、安装的重要环节,应根据具体工程情况确定由建设方和有关方共同进行,并认真做好开箱、验收记录。

(3)设备的搬运、吊装、就位是设备安装中十分重要的环节,特别是大型、特殊结构的净化空调设备,在第5.4.3条规定中强调:一是应符合产品说明书要求,做好相关保护工作,防止设备损坏,这是确保设备安全搬运、吊装、就位和在此过程中人身安全的基本要求;二是应符合相关标准规范中的有关规定,也是确保净化空调设备安装质量的重要依据,应该认真执行。

Ⅰ 主控项目

5.4.4、5.4.5 这两条规定了高效空气过滤器安装前应具备的条件和安装验收主控项目的内容。由于高效过滤器是净化空调系统的核心设备,所以强调高效过滤器的产品质量应符合设计图纸和国家现行标准《空气过滤器》CRAA430中的有关规定。对高效过滤器(HEPA)应在额定风量下,按最易穿透粒径法(MPPS)的效率低于99.9995%,但不低于99.95%;超高效过滤器(ULPA)应在额定风量下,按最易穿透粒径法(MPPS)的效率不低于99.9995%。洁净厂房的高效空气过滤器的安装质量对空气洁净度等级的实现至关重要,必须认真按规定实施。

5.4.6 风机过滤器机组(FFU)是高效过滤器、风机等的组合,所以它的安装和安装前后的要求与高效空气过滤器是相似的,但由于安装FFU的吊顶上方的送风静压箱相对于洁净室(区)是"负压",所以FFU与吊顶板的密封方式一般均为机械密封;并应根据FFU的构造特点,十分注意FFU安装方向的正确性,避免安装差错的发生。

5.4.7 洁净层流罩一般用于空气洁净度等级为6~7级的洁净室(区)内局部要求提供5级的独立空气净化设备,它是确保产品生产所需较高的空气洁净度等级要求的重要手段。根据洁净厂房中产品种类的差异,可能需要在不同使用场所安装水平单向流层流罩或垂直单向流层流罩,为此作了第4款的规定。本条对洁净层流罩安装前准备、安装及安装后的检测、检漏作出了主控项目内容的规定,并规定应对洁净厂房中的所有洁净层流罩作全数检测、检漏。

5.4.8 本条规定的洁净厂房的空气处理机组包括净化空调系统的新风空气处理机组、循环风空气处理机组等,其目的是为了确保空气处理机组安装时达到洁净、严密的要求,其中规定的漏风率指标,既是为了保持必需的气密性,也是为使净化空调系统达到节能降耗的要求的需要。

5.4.9 由于电加热器一般是设置在净化空调系统的风管内,为此本条的第1款规定电加热器的外表面应洁净、无尘、易清洁;第2、3款是强制性条款,由于净化空调系统中设置的电加热器应适应洁净室(区)内的温度调节需要,有时可能工作温度较高,为防止因高温引起火情的发生,应在规定的长度内设置如岩棉、离心玻璃棉等不燃材料进行保温;连接法兰的垫片应采用如金属垫片等耐热不燃材料。为防止电加热器金属外壳、外露的接线柱在运行中不慎发生短路引发火情,应按电加热器外壳、接线柱的外形状况设置安全保护罩等,并对金属外壳实施良好的接地。

Ⅱ 一般项目

5.4.10 空气吹淋室是洁净厂房人员净化的重要手段之一,为正确进行安装、试运转,本条对其安装的质量验收作出了规定。为使空气吹淋室满足使用要求,空气吹淋室应按工程设计要求进行测量、定位;为了检验安装后的空气吹淋室的性能参数是否达到产品说明书要求,应进行至少1.0h的连续试运转,认真检查各运转设备、部件、电气联锁(包括空气喷头等)的运转状态,确认是否符合说明书的要求。

5.4.11 本条对机械式余压阀安装过程的测量、定位,允许偏差和密封等的质量验收作出了规定。为使余压阀在洁净室(区)的静压值调试中准确调整定位,在第2款和第3款中规定阀板灵敏动作和转轴水平偏差的要求。

5.4.12 本条对洁净厂房中设置的干表冷器的安装质量验收作出

了规定。其中与冷冻水供、回水管的连接应正确,且严密不漏以及在下部宜设排水措施,并应畅通排水,此项试验工作一般应与冷冻水系统同步进行,并以所有干表冷器及其附件均不泄漏为合格。

5.4.13 一般在洁净室(区)面积较大的洁净厂房中设置集中式真空吸尘系统,为确保吸尘系统的通畅、不积尘和系统停用时不会对洁净室(区)带来污染,本条对真空吸尘系统的材质、附件、坡度等的安装质量验收作出了规定,这些规定在目前国内已建立的一些洁净厂房中基本上都是这样制作安装的。

5.5 系统调试

5.5.1、5.5.2 这两条明确规定了净化空调系统调试的责任方是施工单位,但建设方等(如监理单位)应参加;调试内容包括所有单机试车和系统联动试运转及调试,以达到工程设计和合同约定的要求。规定了调试所使用的仪器仪表应满足系统调试要求,这是指工程设计指标和合同约定的相关要求以及按照本规范对仪器仪表的选用的相关规定,并应在标定证书有效使用期内。

5.5.3~5.5.5 这几条对净化空调系统的联动试运转和调试前应具备的条件、带冷(热)源的稳定联动试运转和调试的时间、状态进行了规定。这里需要强调的是:

(1)联动试运转前必须认真逐项检查"应具备条件"的真实性,并记录备忘录;

(2)这里的"24h 试运转"是指洁净室(区)已进行清洁、擦拭,并检查合格之后,人员、物料已按洁净程序进行管理,并对全面清洁后的净化空调系统进行的试运转,即所谓的"空吹"过程;

(3)带冷(热)源的联动试运转和调试时间不得少于 8h,并应是在"稳定"状态下的时间,既包含应该是连续运行的时间,又是各项运行参数(主要是温度、湿度、风量等)在规定的范围内进行的试运转。

(4)由于具体工程项目各有特点,为了使建设单位(业主)具有主动的支配权益,在第5.5.5条中规定了带冷(热)源的联动试运转应在空态或合约规定的状态下进行。

5.5.6 本条规定了净化空调系统的各种设备的单机试运转的质量验收应符合现行国家标准《通风与空调工程施工质量验收规范》GB 50243的规定或有关产品的标准,若有的产品暂时还没有标准时,应按产品说明书或合同约定的要求进行试运转的质量验收。

Ⅰ 主 控 项 目

5.5.7、5.5.8 对单向流、非单向流洁净室的净化空调系统进行试运转和调试后,其风量、风速应达到规定才能通过验收。据了解,目前国内外洁净厂房调试中一般采用美国国家环境平衡局(National Envi-ronmental Balancing Burean,NEBB)的洁净室认证委员会发布的《洁净室认证测试程序标准》第2版中第5章对洁净室的气流速度、气流量的测试验收要求,这些要求主要是:洁净室的平均气流速度应在业主规定速度的±5%之内,洁净室的平均或总气流体积流量应在业主规定的气流体积的±5%之内,相对标准偏差不应超过15%,除非另有规定。

气流速度的相对标准偏差(不均匀度)和气流体积相对标准偏差的计算方法如下:

(1)气流速度的相对标准偏差(RSD,%)的计算。

计算气流速度测量读数的算术平均速度:

$$V_{AM} = (V_1 + V_2 + \cdots + V_n)/n \tag{1}$$

式中:V_{AM}——算术平均速度(m/s);

V_n——某点气流速度测量读数(m/s);

n——测量数。

计算气流速度测量读数的标准偏差(SD_V):

$$SD_V = \sqrt{\frac{(V_1 - V_{AM})^2 + (V_2 - V_{AM})^2 + \cdots + (V_n - V_{AM})^2}{n-1}} \tag{2}$$

计算气流速度的相对标准偏差(RSD,%)计算:

$$RSD = \frac{SD_V}{V_{AM}} \times 100 \qquad (3)$$

(2)气流体积流量的相对标准偏差(RSD,%)的计算。

计算气流体积测量读数的算术平均流量(Q_{AM},L/s):

$$Q_{AM} = (Q_1 + Q_2 + \cdots + Q_n) \qquad (4)$$

式中:Q_n——某点气流体积测量读数(L/s)。

计算气流体积测量读数的标准偏差(SD_Q,L/s):

$$SD_Q = \sqrt{\frac{(Q_1 - Q_{AM})^2 + (Q_2 - Q_{AM})^2 + \cdots + (Q_n - Q_{AM})^2}{n-1}}$$

(5)

气流体积流量的相对标准偏差(RSD,%)计算:

$$RSD = SD_Q/Q_{AM} \times 100 \qquad (6)$$

规定应全数检查。若不合格应查明原因,认真进行调试直至合格。

5.5.9～5.5.11 这几条规定了净化空调系统的主控项目——新风量、洁净室(区)内的温度、相对湿度和静压差的质量验收要求,并规定全数检查。若不合格应查明原因,认真进行调试直至合格。

Ⅱ 一 般 项 目

5.5.14 本条对净化空调系统的控制系统的实施性调试的质量验收基本要求作出了规定,即应做到检测、监控、调节元器件、附件的动作准确,显示正确,运转稳定,各项控制参数及其精度等应符合工程设计要求。

6 排风及废气处理

6.1 一般规定

6.1.1、6.1.2 洁净厂房的排风与废气处理是确保产品生产环境和空气洁净度要求的重要环节，为使排风与废气处理的施工质量真正做到满足产品生产要求，为此作出相应的规定。由于洁净厂房的排风与废气处理系统排出的气体（或废气）都程度不同地对环境或公共卫生带来一定的影响或有害，所以本条规定排风与废气处理所采用的材料、附件和设备的选择除应符合工程设计文件的要求外，还应遵守相关环境保护、公共卫生方面的国家现行标准、规范的规定。另外，这些材料、附件和设备还应具有产品合格证书和进入施工现场应办理的手续、质量记录等。这些均为确保排风与排风系统施工质量的基本条件，应认真执行。

6.1.3、6.1.4 这两条对排风与废气处理的隐蔽工程和涂色标志作出了明确规定，这是避免隐患和确保排风与废气处理系统正常、安全可靠运行和维修管理的基本要求。

6.1.5 鉴于排风与废气处理系统与净化空调系统的关联性和各排风系统与产品生产工艺的关联性、独立性，所以本条规定：调试与试运转应与净化空调系统同步进行；各个废气处理与排风系统应分别进行调试和试运转；在施工单位为主体的调试、试运转中，建设单位应参与共同进行。

6.2 风管、附件

6.2.1 本条规定了风管、附件制作质量验收的依据，并要求若选择外购时，应具有产品合格证书和质量检验报告，并应认真核查。

6.2.2 本条规定了风管、附件的材质选用的依据主要是工程设计要求;当工程设计无要求或不齐全时,本条推荐各类排风系统采用表 6.2.2 中相对应的材质,表中各类排风系统所采用的材质是目前各行业的洁净厂房施工中通常采用的实际状况。

Ⅰ 主控项目

6.2.3、6.2.4 这两条是当排风管道采用金属管道、非金属管道时,对主控项目内容——材料品种、规格、性能和厚度的选择原则的规定。当工程设计对金属排风管板材厚度未作规定时,本条根据目前各类洁净厂房施工中的实际采用情况,推荐了各类金属排风管的板材厚度。

6.2.5 本条对排风管道制作的主控项目内容作出了规定,其中第 1 款是由于可燃、有毒排风系统的气流中都会含有一定浓度的可燃、有毒的气体、化学品等物质,一旦由于排风管用密封垫料损坏或固定材料不固定甚至损坏,均有可能造成含有可燃、有毒物质的气体泄漏,这类物质的泄漏、积累将可能形成爆炸混合物,或有毒物质超过人体健康的容许浓度,可能引发着火事故或伤害作业人员的健康,甚至伤亡事故,为此作为强制性条款,应严格执行。

6.2.7 本条是对排风风管强度试验所作的规定。由于排风机前的排风风管一般均是在相对负压下运行,所以本条规定强度试验压力低于风管内的工作压力(表压),并不得高于-1500Pa(表压)。

6.2.8 本条规定了各类风阀、排风罩等部件的主控项目内容,包括质量验收的依据,各类风阀的密闭性、调节范围和动作的可靠、准确等规定。其中强调排风系统关断用风阀,在关闭状态的泄漏率不得大于 3%,以减少实际运行中的排风量,以利于洁净厂房的节能。

6.2.9 由于各类洁净厂房中因生产工艺、产品种类不同,使用的可燃、易爆、有毒物质差异较大,为确保洁净厂房运行安全的要求,本条规定防爆、可燃、有毒排风系统的风阀制作材料必须符合设计要求,施工过程中不得自行替换。本条为强制性条文。

6.2.10 洁净厂房中防排烟系统的防排烟阀、柔性短管均可能在高温下使用，为避免在一旦出现火情时，这些附件能正常动作，确保安全，作了本条的规定。此类附件为外购时，条文中强调防排烟阀（排烟口）应具有相应的产品合格证明文件，包括消防部门认可的证明文件等。本条为强制性条文。

Ⅱ 一般项目

6.2.12 若排风系统设置的检查孔或观察窗以及测试取样口等附件与风管的连接不能做到严密不漏，将使排风系统的相应部位渗入空气，使排风机增大负荷，增加了能量消耗。

6.3 排风系统安装

6.3.1 鉴于排风系统与净化空调系统和洁净室（区）内的生产工艺设备的关联性，本条规定排风干管、支干管宜与净化空调系统同步进行施工；而接至生产工艺设备的排风罩、排风支管已伸入洁净室内，为不影响洁净室（区）顶棚、墙板等的施工，应在顶棚、墙体施工完成后进行，并应采取完善的防尘措施。

6.3.2 为确保排风系统的安全、可靠运行，本条规定风管系统的支（吊）架应牢固地与建筑物围护结构连接，不得与其他不稳定的设施进行连接。

6.3.3 本条规定了两方面的内容，即洁净厂房内的排风系统全部施工安装完成后，应分系统进行严密性试验；各个排风系统按各自的工作参数分别进行严密性试验，经分别验收合格后才能进行风管内的清洁和外表面刷漆等处理。

Ⅰ 主控项目

6.3.4 本条为强制性条文。洁净厂房中的排风管道从洁净室（区）引出至设在屋面或专用排风机室的排风机时，常常会穿过有防火、防爆要求的墙体、顶棚或楼板，为运行安全可靠，本条规定了穿过有防火、防爆要求的墙体、顶棚或楼板的排风风管处设置防护套管的材质、安装等要求。

6.3.5 本条为强制性条文，规定的排风风管安装要求均涉及洁净厂房正常运行、安全运行、人身和财产安全的各项规定。其中第1款是为了防止所规定的排风管因静电感应等因素,可引起着火爆炸事故作出的强制性规定;由于洁净厂房内各类产品生产工艺的不同要求,将可能敷设有输送各种物质(包括可燃、有毒等)的配管和含有各种物质的排风管道,为防止它们的互相掺混可能引发着火、中毒等事故,所以作了第3款的强制性规定;若将洁净厂房室外排风立管与相关的避雷针(网)等防雷设施连接,一旦有雷电发生时将可能引发严重的着火、爆炸等安全事故,为此作了第4款的强制性规定。

6.3.6 由于排风风管内的气体温度与产品生产工艺密切相关,为了防止高于80℃的排风管道外表面烫伤作业人员,应对排风管道外表面采取隔热保护措施。本条为强制性条文。

Ⅱ 一般项目

6.3.9 本条规定了排风风管安装后严密性试验的要求、允许漏风量,其漏风量的规定相当于高压风管系统的要求,作出这样严格的规定,一方面有利于相关排风系统的安全运行,同时对减少排风机风量和节约能量消耗也是有利的。

6.3.10 由于除尘系统的排风管道内部会有不同程度的颗粒存在,为防止这些颗粒在风管内或阀门处滞留、积存,所以本条规定除应按设计要求进行风管及阀门的安装外,还规定风管宜垂直或倾斜敷设;阀门宜安装在垂直管段。

6.3.11 为防止凝结水或冷凝液体在排风管内滞留、积存,本条对输送含有凝结水或其他液体的排风风管安装作出了规定。

6.3.13 本条对穿越外墙、屋面的排风风管、排风风帽的安装作出了规定。为防止渗水或漏水现象的发生,强调穿越建筑物屋面或墙面的连接处应做好防水处理,不得有渗水现象。

6.4 废气处理设备安装

6.4.1～6.4.4 这几条是废气处理设备安装施工质量验收的通用

要求。

（1）排风处理设备应具有齐全的设备本体和净化（吸附）材料、附件的技术文件。有的废气处理设备较为复杂，甚至是一项"系统工程"，对此类设备还应有整体设计及安装说明（含必要计算资料）。这些技术文件既是安装、运行的依据，也代表了产品的内涵质量。为此相关各方均应十分重视。

（2）鉴于废气处理设备的功能或处理技术的复杂程度的不同情况，不仅需在设备安装前进行开箱检查、验收，并做好验收记录，必要时建设方还应派人去设备制造厂进行设备出厂前的验收，其出厂前的验收内容和要求应在合同约定中明确规定。

（3）设备的搬运、吊装、就位是设备安装施工中的重要环节，洁净厂房中的一些废气处理设备体形较大、结构特殊或较复杂，所以在条文中规定：

1）应符合产品说明书的有关要求，并做好保护工作，防止设备损伤或处理性能降低；

2）应根据设备外形尺寸、重量、结构特点，制订安全的、可行的搬运、吊装方案，以确保人身、设备甚至建筑物的安全；

3）由于有时废气处理设备的安装位置较为特殊，如设置在屋面或中间层，为确保正常使用和安全生产，除了应在安装前核查验收设备基础，还应核查设备重量（注意一定要计及净化处理材料的重量）与承载能力的一致性。

Ⅰ 主 控 项 目

6.4.5 本条规定了吸附式废气处理设备安装的主控项目内容和质量验收要求，包括设备安装的允许偏差和核查吸附剂的有效活性以及气密性试验的试验压力、时间和验收合格规定等。

6.4.6 本条规定了湿法废气处理设备安装的允许偏差和设备、管路的气密性、强度试验要求等主控项目内容。

6.4.7 本条对除尘器安装的主控项目内容作出了规定。由于采用过滤元件的过滤除尘装置的特点，一般过滤元件均在现场进行组装,为确保现场组装质量,所以本条规定现场组装的除尘器、采用过滤元件的过滤除尘装置应在组装、施工完成后,应进行气密性试验或漏风率检查。

Ⅱ 一 般 项 目

6.4.9 本条对吸附式废气处理设备的吸附剂装填、吸附剂层的支承和允许偏差等的一般性质量验收作出了规定。

6.4.10 本条对湿法废气处理设备的喷淋器的安装、换热器的安装、设备附件和循环泵以及配管及其阀门等一般性要求作出了相应的施工质量验收规定。

6.5 系 统 调 试

6.5.1 本条明确规定了排风系统试运转和调试的责任方是施工单位,但建设单位、监理单位等共同参加;还规定了调试内容和对测试仪器的要求等,这是排风系统调试的通用性规定。

6.5.2～6.5.4 这几条对排风系统的联动试运转和调试前应具备的条件、试运转的时间和应提供调试报告等作出了规定。由于洁净厂房内的排风系统与产品生产工艺关联性强,并有支管及风口,风罩均设在洁净室(区)内,所以作了第 6.5.2 条第 2、3 款的规定。并在条文中规定了试运转的时间应为稳定连续的试运转的时间及其具体的量化规定;并要求试运转和调试前、后应该向建设单位提供"调试方案"和完整的资料以及报告,为符合产品生产工艺要求和投入生产后的稳定、可靠运行提供依据。

Ⅰ 主 控 项 目

6.5.5 本条对排风系统的单机试运转和调试的主控项目内容的施工质量验收作出了规定。条文规定强调吸附法、湿法、转轮法、除尘器等的试运转和调试首先应按工程设计要求,若工程设计无要求时,应按设备技术文件(实际上,一般通过招标订购的设备,均已在设备技术文件中包含了建设单位提出的相关要求,所以本条未提出建设单位的要求)的要求进行,并且规定试运转时间应为稳定连续的时间,以确保排风系统联动试车的顺利进行和投入运行的可靠性。

6.5.6 本条规定了排风系统的联动试运转和调试的验收合格的总风量及系统风压的允许偏差值,该偏差值的实现是为排风系统的正常运转和降低洁净厂房的能量消耗创造条件。若试运转和调试中没有达到允许偏差值时,应查明原因进行完善后,继续进行试运转和调试,直至合格。

Ⅱ 一 般 项 目

6.5.9 本条对排风系统联动试运转和调试中,设备和阀门、主要附件的动作和各风口或风罩的风量偏差值等的施工质量验收作出了规定。

7 配 管 工 程

7.1 一 般 规 定

7.1.1 洁净厂房的配管种类很多,因产品生产工艺不同,所需气体供应、生产工艺用水供应、化学品供应的品种差异较大。本条明确规定本规范中配管工程的范围,但不包括洁净厂房中公用动力系统用供热管道、供水管道,如冷冻水、冷却水、消防水和生活用水管道以及它们的排水管道等,这些管道的施工质量验收应遵守各自相应的国家现行标准、规范的规定。

7.1.2 本条规定了洁净厂房配管工程管道安装前应具备的条件。

7.1.3、7.1.4 鉴于配管工程的各种管道系统输送介质的差异,且管道系统使用的阀门的严密性、强度要求的严格程度也不同,为确保各类介质输送过程的安全可靠和高纯物质的不被污染,对于有特殊要求者,如可燃、有毒流体、高纯气体、高纯水、特种气体和化学品等的管路用阀门应在安装前逐个进行强度和严密性试验,不合格者不得使用,由于输送上述介质的管道用阀门的质量已涉及人身安全、健康和财产安全,所以第7.1.3条为强制性条文。除此之外的管路用阀门可抽查20%进行强度和严密性试验。

7.1.5 根据各行各业洁净厂房内产品生产工艺要求的差异,有不同流体、介质和工作参数的配管工程,在各种配管穿越洁净室(区)时,若所采取的防护措施不当,可能引起污染物的发生、积存,有的可能会发生可燃、有毒物质的泄露,引起火情或损害作业人员健康,甚至人身伤亡事故,其中第1款是规定配管穿越建筑物特殊构造时,若不采取柔性连接,一旦发生如地震、沉降时,将可能损坏配管,引发输送介质的泄露;第2款防止因配管穿越洁净室(区)的孔洞处理不当,将会引起污染物渗漏,从而降低空气洁净度等级;第

3款是为了防止因配管接口、焊缝质量不佳或损坏时,不易发现,从而引发着火、中毒等安全事故或降低空气洁净度等级。为此本条作为强制性条文,应严格遵守。

7.1.6 为减少或避免污染物的产生、积存,本条规定安装在洁净室(区)内的管道,支、吊架的材料选择原则的要求。

7.1.7 配管上的阀门、法兰、焊缝和连接件设置的位置直接影响使用、维修的方便,所以作本条的规定;对于易燃、易爆、有毒、有害流体管道的阀门、法兰、连接件还涉及安全运行、即时开关或泄漏后安全措施的配置等,所以强调应按工程设计要求设置。

7.1.8 本条明确规定了有静电接地要求的管道应采用的技术措施和相关电阻值等的规定。那些介质输送管道应该设置静电接地措施或有静电接地要求,应按工程设计文件或现行国家标准、规范的规定。

7.2 碳素钢管道安装

Ⅰ 主控项目

7.2.3 本条对管子切割方法和切口表面质量要求作出了规定,由于这种配管工程涉及面较宽,为落实检查验收要求,拟采用核查施工记录和观察检查、尺量的检查方法。

7.2.5 本条对于管道安装中的管道连接、连接法兰和法兰密封面及垫片表面的质量验收主控项目内容作出的规定。这些规定对确保管道的承载能力、严密性十分重要,强调在焊接时,不得强力对口,防止管道变形,引起质量缺陷;法兰连接时,不得为连接方便加偏垫、加多层垫等,影响严密性和掩盖了接口端口的不同心等缺陷。

Ⅱ 一般项目

7.2.7 本条对管道安装用垫片的允许误差、拼接要求等作出了规定。

7.2.8 本条对碳素钢管道安装时,管道位置、高度、水平度、垂直度、管子间距等的允许偏差作出了规定。由于洁净厂房中配管系统一般采用架空敷设或低支架敷设，根据具体项目的实际情况，为减少检测工作量，提高检测准确性，本条要求采用仪器检测、尺量的不同方式。

7.3 不锈钢管道安装

7.3.1 在不锈钢管道安装作业时，为防止因不连续作业引起管道内表面和接头处被杂物、油脂等污染，严重影响不锈钢管焊接质量和施工作业安全以及生产运行安全，为此作了本条的强制性规定。

Ⅰ 主控项目

7.3.2 本条对不锈钢管切割方法和切口表面质量的质量验收主控项目内容作出了规定。这些方法和切口表面质量要求是目前洁净厂房施工实际采用的方法和质量验收。并规定应有施工记录，以便核查。

7.3.3 为确保不锈钢管焊接质量，本条对焊接时管子或附件的组对、氩弧焊接要求和焊接前、后的处理等的质量验收主控项目内容作出了规定；由于是普通不锈钢管的焊接，所以要求焊缝位置、坡口加工等应符合现行国家标准《工业金属管道工程施工规范》GB 50235 的相关规定。这里强调不锈钢管的焊接过程应采用充氩气保护的氩弧焊，以防止氧化和确保焊接质量。

7.3.4、7.3.5 这两条对采用法兰时的紧固螺栓和法兰垫片的选择要求以及与碳素钢支架、管卡之间的隔离垫片选择要求的质量验收主控项目内容作出了规定。对非金属垫片中氯离子的含量的要求是参照现行国家标准《工业金属管道工程施工规范》GB 50235—2010 中第 7.6.7 条："不锈钢管道法兰用非金属垫片，其氯离子含量不得超过 50×10^{-6}"的规定制订的。

Ⅱ 一般项目

7.3.7 为减少或避免安装后的不锈钢管内的焊渣等异物，本条推荐不锈钢管道分支采用三通连接；只有当管径相差较大时，方可采用现场切割开口方式,并对切割开口方式提出了要求。

7.4 BA/EP 不锈钢管道安装

7.4.1、7.4.2 洁净厂房中输送高纯物质需使用电化学抛光低碳不锈钢管(通常简称 EP 不锈钢管,它是 Electro-polished 的缩写)、研磨抛光或光亮退火不锈钢管(包括低碳不锈钢管或普通不锈钢管,通常简称 BA 不锈钢管,它是 Bright Abrasive 的缩写),低碳不锈钢管一般采用 SUS316L,此类管材都由专门厂家制造,表 1 是部分 SUS316L、EP 不锈钢管的规格参数。从表中数据可以看出,不同制造厂家生产的 EP 不锈钢管的规格参数是不相同的。目前微电子工厂、医药工业洁净厂房中所使用的 EP、BA 不锈钢管的管径都较小。这两条是这类管材安装的通用规定,由于这类管材是用于高纯物质输送,且成品管材的内、外表面的光洁度、洁净度、表面粗糙度均已达到十分严格的要求,为避免引发对管材的污染,所以条文规定它们的预制、组装作业应在洁净工作小室内进行,并对作业和作业人员作了相关规定。

表 1　部分 316L、EP 不锈钢管规格参数

产品类别	外径(mm)	壁厚(mm)	内表面平均粗糙度(μm)
ULTRON TAC	3.0	0.5	≤0.2(≤0.8)
	6.0	1.0	≤0.2(≤0.8)
	8.0	1.0	≤0.2(≤0.8)
	10.0	1.0	≤0.2(≤0.8)
	12.0	1.0	≤0.2(≤0.8)
TP-SC	6.35	1.0	≤0.127
	9.53	1.0	≤0.127
	12.7	1.0	≤0.127

表 1 中括号内数字为 TAC 类 EP 管的内表面平均粗糙度。

Ⅰ　主控项目

7.4.3 为保证管材的内壁光洁度,规定管子的切割机具需采用割刀或专用电锯,为避免切割时产生碎屑或油污污染,故要求采用纯度为99.999%的纯氩吹净管切口内杂物等。

7.4.4 BA/EP管一般为薄壁管,因此连接只能采用卡套、法兰连接或焊接。由于EP/BA管的管内输送的介质为高纯、有毒、易燃、易爆流体,所以焊缝不能有氧化、未焊透、未成型、渗漏等缺陷,若采用手工焊则很难保证质量,所以规定采用自动焊,且按不同的作业条件、材料的要求,自动焊机的焊接参数是不同的,需要做样品确定准确数据,以保证焊接质量。

7.4.5、7.4.6 规定焊接组对的错边量,主要为保证焊接的正常进行,确保焊缝的内外成型质量。点焊前应将管段固定主要是为了控制错边量在允许范围内,保证焊接质量。

Ⅱ 一般项目

7.4.7 本条规定了BA/EP管、管件和阀门的内、外表面的质量验收要求。

7.4.8 本条规定应采用不锈钢丝刷清理焊口,以避免使用其他材质产生碳化现象。条文对每焊接完一个BA/EP管的焊口后的焊接质量验收要求作出了规定。

7.5 PP/PE 管道安装

7.5.1~7.5.4 洁净厂房内输送某些化学品等需使用聚丙烯(PP)管或聚乙烯(PE)管,这类管道一般均采用热熔焊接法进行施工,这几条是PP/PE管道安装的通用规定。由于PP/PE管道安装过程涉及一些专业技术和安全技术要求,所以要求作业人员上岗前应进行专门的培训,并经考核合格后才能上岗。

Ⅰ 主控项目

7.5.6、7.5.7 这两条对PP/PE管道的热熔焊接及其焊缝质量验收的主控项目内容作出了规定。由于PP/PE管道热熔焊接时,应根据其管径的不同,采用不同的焊接参数,对于管外径为20mm~160mm的PP/PE管道热熔焊接时的相关参数可参考表2中的数据。

表2 D20~160管道热熔焊接的参数

序号	管外径(mm)	壁厚(mm)	起始加热压力(MPa)	翻边(mm)	吸热压力(MPa)	吸热时间(s)	切换时间(s)	对接压力(MPa)	保持对接压力(s)	冷却时间(min)
1	20	1.8	0.15	0.5	0.02	40	3	0.15	4	5
2	25	1.8	0.15	0.5	0.02	45	3	0.15	4	5
3	32	1.9	0.15	0.5	0.02	45	3	0.15	4	5
4	40	2.3	0.15	0.5	0.02	60	4	0.15	5	5
5	50	2.9	0.15	0.5	0.02	60	4	0.15	5	8
6	63	3.6	0.20	0.5	0.02	90	5	0.15	6	10
7	75	4.3	0.20	0.5	0.02	100	5	0.20	9	12
8	90	5.1	0.20	0.5	0.02	115	6	0.20	10	16
9	110	6.3	0.20	1.0	0.02	145	6	0.20	10	16
10	140	8.0	0.20	1.0	0.02	180	8	0.20	12	25
11	160	9.1	0.20	1.0	0.02	205	8	0.20	12	25

Ⅱ 一 般 项 目

7.5.9、7.5.10 这两条是对热熔焊的切换时间、加热温度的质量验收作出的一般项目规定,作为推荐数据供参考。

7.5.11 本条对PP/PE管道支(吊)架的设置作出了质量验收规定。由于输送介质的不同,PP/PE管道运行负载是不确定数据,所以规定应根据输送介质参数,合理确定支(吊)架位置,并强调应符合工程设计要求;另外,考虑到PP/PE管材的特性,对焊接接头等与支(吊)架的净距和阀门处设支(吊)架作了较明确的规定。

7.5.12 本条对PP/PE安装后的试验验收方法和验收合格标准作出了规定。由于PP/PE管道目前在洁净厂房中可能用于承内压、输送热流体和常压管道等用途,所以本条按不同用途进行安装后试验验收作出了规定。

7.6 PVDF 管道安装

7.6.1～7.6.6 洁净厂房内输送纯水、超纯水、化学品等通常需使用聚偏氟乙烯(PVDF)管,此类管道一般均采用热焊接法施工安装,这些条文是有关 PVDF 管道安装的通用规定。为确保 PVDF 管焊接预制的质量,特别是内、外表面的清洁、无尘,PVDF 管的焊接加工是在洁净工作小室内进行,并要求作业人员经培训合格后上岗和在作业时着规定的工作服或洁净服等。

Ⅰ 主控项目

7.6.8 本条对管子切割、切口的质量验收主控项目内容作出了规定。

7.6.9、7.6.10 这两条对热焊接时管子组对偏差、加热要求、对焊要求、焊缝形态和表面质量等质量验收的主控项目内容作出了规定。PVDF 管道的焊接接头应是均匀双重焊道,该双重焊道的外形见图 1,图中的 K 是双重焊道谷底高出管道外表面的尺寸,b 为双重焊道宽度;为确保焊接接头质量,在第 7.6.10 条中作了明确的规定,并在检查方法中要求"必要时切下管段检查"。

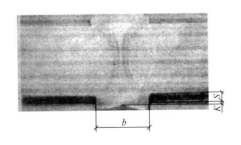

图 1 PVDF 焊接接头

7.6.11 本条对 PVDF 管子安装后的强度试验、严密性试验方法和试验合格标准的主控项目内容作出了规定。这些规定是目前洁净厂房中 PVDF 管道施工实践中采用的试验方法和合格验收的规定,是确保此类管道施工质量的有效措施。

Ⅱ 一 般 项 目

7.6.13 本条推荐经焊接加工的PVDF管在现场安装的连接方法,并规定了连接螺栓材质。

7.6.14 本条对PVDF管道安装时,设置的支(吊)架的形式、位置等质量验收作出了规定。若工程设计没有规定支(吊)架间距时,根据PVDF管的特性和在洁净厂房中一般用于纯水等液体管道的情况,推荐了当使用温度为40℃~120℃时,管子直径为13mm~100mm的支、吊架间距,供施工安装参照执行。

7.7 PVC管道安装

7.7.1~7.7.4 洁净厂房内输送化学品或腐蚀性、毒性流体时采用双层管道的外套管通常使用聚氯乙烯(PVC)管。由于PVC管粘接时所用的材料为可燃材质,且在粘接作业过程中会散发损害人体健康的有害物质,若在PVC管道粘接的作业场所有明火会引发火灾事故。为此将第7.7.3条作为强制性条文。

Ⅰ 主 控 项 目

7.7.5 本条对PVC管子的粘结条件、坡口、承插口和粘结作业的质量验收的主控项目内容作出了规定。

7.7.7 为减少或防止PVC管道及其切割时对洁净室(区)的污染,本条规定洁净室(区)内的PVC管道搬入洁净室(区)前应进行擦拭清洁;一般PVC管不在洁净室(区)内切割,若不得已必须在洁净室(区)内切割时,应配备吸尘设备,即时排出切割过程产生的污染物。

Ⅱ 一 般 项 目

7.7.8 本条对PVC管道的支(吊)架的形式、位置、绝缘隔离物等的质量验收作出了规定。其中强调应根据输送介质及其参数,合理设置支(吊)架,这是因为在洁净厂房中PVC管除用于"双层管道"的外套管外,还可能用于一些液体介质的输送,即使用外"双层管道"的外套管,其管道支(吊)架的设置也与"双层管道"的内管所输送的介质及其参数有关,因其内管介质和管子重量均要由外套管承载。

7.7.9 本条对PVC管道安装后的强度试验、严密性试验方法和试验合格标准作出了规定。由于PVC管道即使用于"双层管道"的外套管,它也必须确保当"双层管道"内管因故障出现泄漏时,其输送介质也不得泄漏至洁净厂房内,所以作了全数检查的规定。

7.8 配管检验和试验

7.8.2 洁净厂房内的金属管道包括碳素钢管、不锈钢管、BA/EP不锈钢管等,广泛用于各类流体的输送,本条对这些金属管道按输送流体的品种、压力参数的不同,在第1、2款中分别规定了管道焊缝的无损探伤的规定。由于这些金属管道内输送流体的品种压力参数不同,在实际运行过程中带来的危险程度、火灾危险性和对作业人员健康影响等是不同的,本条第1款对于输送剧毒流体的管道焊缝作了严格规定;第2款对于大于0.5MPa的可燃流体、有毒流体的管道焊缝作了较为严格的规定,这是为了确保管道连接时焊缝品质优良,在实际运行中不会因焊缝质量发生危险物质的泄露,从而引发着火或作业人员中毒等安全事故,所以作了强制性规定。

7.8.3 本条是对金属管道系统安装完毕后,进行压力试验的条件、试验介质、试验方法和试验合格标准的规定。对于输送高纯物质的管道,为防止试验介质对管道的污染,其试验介质应进行净化处理,净化方法包括纯化、干燥等,一般应按所输送高纯物质的纯度采用相当纯度等级的高纯(干燥)气体进行试验。

7.8.4 为确保洁净厂房的安全、稳定可靠运行,确保作业人员健康,严格控制敷设在洁净厂房中的输送剧毒流体、有毒气体、可燃气体和高纯气体输送管路系统的泄漏是十分重要的要求,为此本条规定了相关气体输送管道系统应进行泄漏量试验,规定了试验条件、试验介质、试验压力、试验时间和试验合格标准。由于氦气、氦气的物理化学特性的差异性,氦气是一种密度小、易扩散渗漏的气体,所以连续泄漏检测时间为 1h;又由于目前我国氦气价格较高,可能实际使用时常采用氮气。所以规定了采用氮气检漏的检测时间为 24h;泄漏量试验应合格,若不合格应查明原因,并经认真修改、完善后,继续试验直至合格。

泄漏率(A)计算可按下式:

$$A = \frac{100}{t}\left(1 - \frac{P_2 T_1}{P_1 T_2}\right) \tag{7}$$

式中:A ——平均每小时泄漏率(%);

t ——试验时间(t);

P_1、P_2 ——试验开始、结束时的绝对压力(MPa);

T_1、T_2 ——试验开始、结束时的绝对温度(K)。

8 消防、安全设施安装

8.1 一般规定

8.1.1 洁净厂房中消防、安全设施是确保其安全、可靠、稳定运行的重要手段。这些设施的安装施工单位应该了解、熟悉相关的标准、规范和有关的自检、监督、检查的法规、规程等,为此承建单位应具有规定的资质和许可证。所以作了本条规定。

8.1.2 为了保护好洁净厂房的各专业施工的成品、半成品,所以规定消防、安全设施施工的条件和需办理相关的交接手续;目前国内外许多消防、安全设施的产品、附件,甚至材料的生产单位均实行规定的资质和许可证制度,为此本条规定应根据工程设计文件检查、核查这类设施的产品、附件等的制造单位的资质、许可证、性能检测报告的真实性等。

8.2 管线安装

8.2.1、8.2.2 这两条对消防给水管道、电气线路的安装及安装位置作出了规定,为了减少或避免污染物在洁净室(区)内滞留、积存,对洁净室(区)内的管线外露表面作出了规定。

Ⅰ 主控项目

8.2.3 为避免污染物通过消防水管等穿越洁净室(区)墙体、吊顶处渗入,本条规定了穿越洁净室(区)的消防水管等的气密性处理的要求,并规定应以防火填料封堵。

8.2.4 装设在洁净厂房内的高灵敏度早期报警装置是重要的消防安全设施,为确保其正常工作,空气采样管路系统的严密性十分重要,为此本条对采样管道安装作出了规定,这里的"承受一定压力的刚性管道"一般是指钢管或工程塑料管。

8.2.5 本条对消防、安全设施的电气线路施工安装的质量验收主控项目内容作出了规定。

Ⅱ 一般项目

8.2.6、8.2.7 这两条对消防安全设施管线、喷头短管的敷设和高灵敏度早期报警装置的采样管的安装作出了质量验收的规定,为确保洁净厂房的消防安全设施的可靠工作,避免因安装质量诱发故障,虽为"一般项目"仍要求全数检查。

8.3 消防、安全设备安装

8.3.1 由于洁净厂房内消防、安全设备的安装常常还需根据地方或项目的要求对消防、安全设备的采购、安装、验收等在合同约定中或招标文件中进行较为详细的规定,为此本条规定消防安全设备的安装和安装位置、数量的依据是工程设计文件和合同约定的要求。

8.3.2 高灵敏度早期烟雾探测装置是近年来在高科技洁净厂房中广泛采用的安全可靠的火灾报警装置,在微电子洁净厂房中采用灵敏度达 0.01%obs/m 的高灵敏度早期烟雾报警探测系统时,主动抽取环境中空气,只要空气中有烟雾,便可以及时报警,在微电子工厂洁净厂房的回风气流中设置,能够实现在火灾形成前数小时早期报警,在我国的北京、上海等城市的空气采样烟雾探测报警系统的相关地方标准或规程中,用于公共建筑的空气采样装置的火灾探测装置的灵敏度为 0.8%obs/m～2%obs/m。为了使洁净厂房内的高灵敏度早期烟雾探测装置的试验、试运转接近或符合正常运转状态,本条对试验、试运转的条件,调试方法等作出了规定。

8.3.3 对消防安全设备进行联动试运转是考核各相关消防、安全设备及控制系统的灵敏性、协调性和达到设计要求的符合性,为此本条对联动试运转的条件、范围作出了规定。

Ⅰ 主控项目

8.3.4 为避免因消火栓的安装和安装后清洁不到位造成洁净室

（区）的污染，本条对洁净室（区）内的消火栓的安装位置、穿越墙体、外露表面、内表面和箱内物件的安装和安装后的清洁等内容和要求作出了规定。

8.3.5 本条对高灵敏早期烟雾探测装置的安装位置、牢固性、环境等的质量验收主控项目内容作出了规定。

8.3.6、8.3.7 洁净室（区）内的火灾探测器、气体报警器的种类、数量，由于各生产功能区的要求是不同的，为避免安装差错，条文规定它们的安装规格、型号、数量、位置应符合工程设计和合约的要求；为避免安装探测器的接缝处污染物的渗漏，应对其进行气密性处理，条文对这些内容作出了相应的规定。

Ⅱ 一 般 规 定

8.3.8 洁净厂房内二氧化碳灭火装置一般均根据产品生产工艺要求，分散布置于各个相关的房间或生产工艺设备邻近场所，所以本条对二氧化碳灭火装置的安装位置、规格型号、数量和气瓶、管道的固定以及试压、调试的质量验收作出了相应规定。二氧化碳灭火装置的试压、调试一般应按相关标准规范或产品说明书要求进行。

9 电气设施安装

9.1 一般规定

9.1.1 洁净厂房内的各类电气设施的施工安装涉及面广,它与各专业技术的施工安装都有关联或交叉,所以本条对电气设施的施工安装应具备的条件,包括土建工程等的交接手续、所需材料、设备的质量核实等作出了规定。

9.1.2、9.1.3 这两条是对电气设施安装位置、洁净室(区)内的电气设施外表面要求以及电气设施的工程验收要求等作出的规定。为防止安装在洁净室(区)内的电气装置和线管、线槽和桥架等因可能的产尘、积尘对洁净室(区)带来污染,条文中强调"宜采用暗装",当不能暗装时,推荐采用装饰板防护。

9.2 电气线路安装

Ⅰ 主 控 项 目

9.2.3、9.2.4 洁净厂房内电气线路涉及面广,且在洁净室(区)内不可避免地会有电气线管的敷设,为减少或避免污染物的散发、积存、滞留、渗透,条文对电气线路的线管、线槽、桥架穿越洁净室(区)墙体、顶棚、地面和洁净室(区)内装饰板内电气线路的施工要求作出了规定。这里的"装饰板"是指为了减少或防止洁净室(区)内的电气线路积尘、散发污染物,一般采用装饰用不锈钢板等将电气线路进行必要的遮挡或采用装饰用不锈钢管(圆形或异形)内敷设电气线路等方式。

9.2.5 本条对电缆、电缆穿管敷设的质量验收主控项目内容作出了规定。

Ⅱ 一般项目

9.2.7 由于洁净厂房对建筑装饰、净化空调系统和电气设施等的安装施工均有严格的施工程序和质量要求,一旦安装后,若在调试过程中发现需要修改或补充电气配管配线,就会损坏前面工序的施工安装质量或难于进行,为此本条对洁净室(区)内的配电盘(柜)、接线盒的配线施工中的电气线路余量作出了规定。

9.3 电气设备安装

9.3.3 洁净室(区)内的配电盘(柜)、接线盒等电气设备的品种、数量多,分布广,若安装不当很容易散发、滞留、积存污染物,为此本条对配电盘(柜)等的安装和清洁作出了规定。

Ⅰ 主控项目

9.3.4 本条主要是对洁净室(区)内的嵌入式配电盘(柜)与墙体之间接缝的密封处理作出了规定,该接缝处理不当,常常会成为洁净室(区)污染物渗漏或散发的处所。为方便运行操作,本条推荐配电盘(柜)的安装高度为1.2m。

9.3.6 洁净室(区)内照明灯具、开关的品种、数量很多,墙体、顶棚或地面都可能是安装处所,对于灯具、开关的安装不当或接缝或密封等处理不当,都将成为洁净室(区)的污染源,所以本条对各种照明灯具、开关的安装方式、密封处理等作出了规定。

Ⅱ 一般项目

9.3.7 本条对洁净室(区)内的配电盘(柜)内的配线要求,接线盒、插座箱内、外表面等安装质量验收作出了规定。

9.4 防雷及接地设施安装

9.4.1、9.4.2 为确保防雷设施和接地设施的安全可靠运行,应正确地按工程设计要求进行洁净厂房的接地体、接地线位置、规格的确定。接地体与接地线、接地线与相关设备、插座均应保证可靠连接,所以作了条文的相关规定。

Ⅰ 主 控 项 目

9.4.4 一般接地体及其引出线和焊接部分均易受到水、汽和土壤的腐蚀,所以应进行防腐处理,确保其可靠连接;通常在地面下0.5m以内易受到地面水的侵蚀,所以本条规定接地体的埋设深度应符合设计要求,并不得小于0.6m。鉴于接地体及其引出线和焊接部位的埋设深度常常在地表下0.5m或更大埋设深度,均易受到水、汽和土壤的腐蚀,为防止因锈蚀或接触不良导致接地体的导电性能下降,从而进一步引发事故和危险等,所以规定本条第1款和第2款为强制性条款,以确保施工质量和接地体的安全可靠。

9.4.5 洁净室(区)接地线的敷设一般为明敷,为减少污染,对于有活动地板时通常设在地板下;对于穿越洁净室(区)的墙体、顶棚和地面处的接地线一般均采用套管保护,对此套管还应进行密封处理。为此作了本条的规定。

Ⅱ 一 般 项 目

9.4.6 为确保和延长接地体的寿命,接地体填埋及其回填土不应采用建筑垃圾或夹杂石块等,从外面取来的土壤也不得有较强的腐蚀性,为此作了本条的规定。

9.4.7 本条对接地线与建筑物的间距、跨越伸缩缝等的处理和标志等进行了规定。为防止跨越伸缩缝等处的接地线被拉断等的损坏,一般在这些场所可采用接地线本身弯成弧状等形式的补偿器。

10 微振控制设施施工

10.1 一 般 规 定

10.1.1 鉴于洁净厂房中的微振控制设施的区域性,即在洁净厂房中有微振控制要求者只是局部的、某些房间或设备,微振控制与洁净厂房的各专业施工、安装的关联性以及微振控制设施的特点,作了本条"同步施工"安装的规定。

10.1.2 微振控制设施的设置与微振控制要求的周围环境、振源有关,还与具体工程项目的特点、要求有关,所以本条规定应严格根据具体工程项目特点,按照微振控制设施的设计、测试和建造程序按部就班地进行施工。

10.2 微振控制设施施工

Ⅰ 主 控 项 目

10.2.1、10.2.2 微振控制设施的施工安装的特点是应与设计、测试密切配合进行,所以在条文中规定了测试分析阶段,并根据测试分析结果对微振控制设施进行调试。隔振台等的施工安装应认真按工程设计要求进行。

10.2.3、10.2.4 隔振器安装用地面状态既对微振控制设施的安装质量产生影响,也可能成为相关环境的污染来源,为此制订本条的规定。

Ⅱ 一 般 项 目

10.2.6、10.2.7 这两条对隔振台的台板表面,隔振用支、吊架的制作和安装的质量验收作出了规定。

10.2.8 由于整体式隔振系统常常是直接与相关设备安装在同一房间内,所以本条对安装用支承结构、地板(楼板)作出了相应的规定。

11 噪声控制设施安装

11.1 一般规定

11.1.1、11.1.2 由于噪声控制设施的施工安装与洁净厂房相关专业的安装施工的关联性,为此条文规定噪声控制设施的安装施工与建筑装饰、净化空调系统等同步进行。噪声控制所采用的设备、材料是确保安装施工的重要条件,所以条文对设备、材料安装前的检查、检验作了规定。

11.2 噪声控制设施安装

Ⅰ 主控项目

11.2.1 本条对消声器、隔声罩等安装前应具备的条件的质量验收主控项目内容作出了规定;其中强调应检查完整性、严密性等,以确保消声、降噪的要求,并认真做好记录以备核查。

11.2.2 消声器常常具有安装方向要求,在安装过程中不得搞错方向;有的消声材料易于受潮,在安装中应做到连接严密,不得损坏、受潮、影响施工安装质量;为方便维修、更换,且因消声器体积较大,通常应设单独支架或吊架。

11.2.3 条文对隔声罩的安装施工位置、与风管的连接和检查门,隔声材料布放等质量验收的主控项目内容作出了规定,其中尤应注意检查门、观察窗等的严密性,否则将会降低隔声效果;隔声材料的布放是否均匀将会影响隔声效果的均匀性,也是影响整体隔声效果的重要因素。

11.2.4 根据产品生产工艺的要求,对有隔声要求或有降低噪声需要的洁净室(区)的墙体、吊顶或地面应按工程设计设置吸声设施,此类设施应做到表面光滑、易清洁、不起尘,否则将会影响空气洁净度等级的实现。为此本条对吸声设施的构造、材质和表面质量作出了相应规定。

12 特种设施安装

12.1 一般规定

12.1.1 本条对洁净厂房中的"特种设施"的范围作了规定。

12.1.2~12.1.5 由于洁净厂房内的"特种设施"种类较多,包括可燃、有毒、窒息、腐蚀等气体、液体、有机溶剂等;许多设施还有一定的压力和高纯度要求,很多设备、管路属于压力容器、压力管道;为确保气体纯度和避免渗漏污染,均需要求对其设备、管路的气密性、渗漏性等进行严格控制,为此这几条规定了各类特种设施在安装前应具备的条件,并均应按规定进行检查、检验和验收,并做好记录。

12.1.6 洁净厂房内的"特种设施"的种类较多,所以规定应分类、分系统进行施工安装和质量验收,并推荐与相关供应系统试运转结合进行。

12.2 高纯气体、特种气体供应设施安装

12.2.1、12.2.2 由于这类管道输送的气体介质大部分对气体中的杂质含量都有严格要求,所以条文规定在试运转阶段应进行纯度试验,此项试验常常是在投入运行前进行。

Ⅰ 主控项目

12.2.3 本条对高纯气体、特种气体供应设施安装前应具备的条件作出了规定,其中强调检查设备、阀门和管件的完整性、密封性,这是十分重要的环节,检查中一旦发现异常,应与供应商进行协商,必要时应进行相应试验验收。

12.2.4 在洁净厂房内进行这些设备的运输、就位时,为了保持洁净室(区)的环境、减少污染,应按具体工程项目的洁净施工程序要

求、搬入口要求等进行运输、就位；由于这些设备通常是接管、接线较多，为避免返工和正确进行接管、接线，搬送、就位前应认真熟悉设备图纸、文件等，防止差错的发生；这些设备交货前一般进行了规定的试验和填装纯化材料，因此就位后不得进行气体接管，应在管道系统按规定试验合格后才能接管。

12.2.5 本条对阀门箱、吹扫盘的安装和管路连接的质量验收主控项目内容作出了规定。

12.2.6 高纯气体、特种气体设施的纯度试验是此类设施安装施工质量验收的最重要的环节，是确保此类设施正常、稳定、安全运行的保障条件。本条对纯度试验的介质、压力、取样口、取样时间和合格标准等作出了规定。此项试验工作可能时间较长，一般应连续进行，并应认真做好记录。

12.2.7 本条是对管路系统的试验方法、压力、介质和合格标准等的规定，其中对泄漏量试验气体作了三种可能的选择，即干燥压缩空气、纯氮、氦气。据了解，这是国内外高纯气、特种气体管路施工安装中的实际情况，因为高纯气、特种气种类很多，物理、化学性质各不相同，所以应根据气体特性分别进行选择，如可燃性气体，应选用纯氮或氦气，但由于国内氦气价格较贵，所以采用纯氮的较多；但氦气检漏效果最好，若有条件，且管路系统不大，管径较小时采用氦气也是一种很好的选择。泄漏率的计算见本规范第7.8.4条的条文说明。

Ⅱ 一 般 项 目

12.2.8 本条对管路吹扫方法、介质和吹扫合格标准的质量验收要求作出了规定。

12.3 纯水供应设施安装

12.3.1、12.3.2 这两条对纯水供应设施安装前应具备的条件和管路及其阀门、附件的材质的选择作出了规定。各类洁净厂房的纯水供应设施主要是指电子产品生产用纯水、超纯水，药品和保健品生产用纯水、注射用水等,由于这类供应系统对安装和设备、阀门、管路等都有较严格要求,并因生产的产品品种不同、用途不同有所差异,所以条文规定应符合工程设计要求,并强调安装前核查完整性、密封性等。

Ⅰ 主控项目

12.3.3 本条对单体设备的搬运、就位的质量验收主控项目内容作出了规定。

12.3.4 纯水末端装置是为某些高科技产品生产对纯水有严格要求时,对纯水供应系统的纯水在用户终端对其进行的最终纯化、过滤的处理装置,本条是对此类纯水末端处理设备的搬运、就位和管路安装、连接作出了规定,其中强调应在纯水循环供水系统试运转合格后,才能将末端处理设备与纯水系统相连接,以防止末端处理设备被污染甚至失效。

12.3.5 鉴于药品生产用注射水、保健品生产等用纯水系统对微生物或热源等都有严格要求,通常在安装施工后应按工程设计文件、产品说明书和《药品生产质量管理规范》等相关标准要求进行试验、试运转,并应进行消毒灭菌。本条对此类系统的设备搬运、就位、管路及其阀门等材质的选择和安装后的消毒灭菌等的质量验收主控项目内容作出了规定。

Ⅱ 一般项目

12.3.6 本条对管路系统的试验、试运转的压力、范围和纯水水质试验等质量验收作出了规定。

12.4 化学品供应设施安装

12.4.1、12.4.2 各类洁净厂房中,根据产品生产的不同要求常需使用各类酸、碱、有机物质等,如高科技电子产品芯片、光电器件等洁净厂房中需使用十几甚至数十种化学品,药品生产中常使用异丙醇、甲醛等化学品。这两条对化学品供应设施的范围、安装应具备的条件等作出了规定。

Ⅰ 主 控 项 目

12.4.4 各类洁净厂房为了加强对化学品,尤其是危险化学品供应系统的管理,通常设置集中或分区的控制阀门箱,对化学品进行分配管理,防止因阀门泄漏带来相关设备、管路甚至厂房结构的腐蚀、损坏。本条对化学品供应设施的阀门箱安装应具备的条件、就位和管路连接等安装施工作出了规定。

12.4.5 本条规定化学品供应设施的容器、管路及其阀门、附件的材质选择应符合工程设计要求,这是基本原则,许多工程实践表明,化学品供应设施的材质应根据所输送介质的物化性质和工作参数确定,一般可按下列原则选择:

（1）酸碱类容器宜采用内衬 PTFE、PFA、PVDF 或 PE 等材质,酸碱管道宜采用内管为 PFA、外管为透明 PVC 的双层套管;

（2）有机溶剂类的容器、管路,宜采用低碳不锈钢;

（3）管路系统法兰、螺纹连接的垫片,宜采用氟橡胶或聚四氟乙烯等。

Ⅱ 一 般 项 目

12.4.6 洁净厂房的化学品供应设施一般是设在辅助生产区内,为减少对洁净室（区）的污染,在此类设施的容器搬入前应至少将外表面清洁、擦净;此类容器大部分为静置设备,参照有关静置设备的安装要求,本条对容器的搬运、安装就位要求和偏差等作出了规定。

13 生产设备安装

13.1 一般规定

13.1.1 本条明确本章涉及生产设备安装的内容,只包括与洁净厂房施工验收相关的要求,不包括生产设备自身安装验收方面的规定,有关生产工艺设备的安装验收应执行相关的标准规范,如现行国家标准《微电子生产设备安装工程施工及验收规范》GB 50467。

13.1.2 由于在许多行业的洁净厂房中都不可避免地有大型或特殊结构的生产工艺设备,这类设备常常需在洁净室的围护结构施工前进行安装,所以本条规定洁净厂房中生产工艺设备除大型设备外,一般是在洁净室(区)空态验收合格后进行安装。

13.1.3 为了防止在生产工艺设备的搬运、安装过程中对已进行空态验收的洁净室(区)带来污染甚至损坏,作了本条的规定。

13.2 设备安装

13.2.1 为使洁净室(区)进行生产工艺设备的安装做到有序和无尘或少尘作业,并能按洁净厂房内洁净生产管理制度进行安装工作,本条作出了生产工艺设备安装施工条件的有关规定,其中净化空调系统已连续正常运行是十分重要的条件,但对不同产品生产用洁净厂房有不同的要求,如电子工业洁净厂房,由于洁净度要求十分严格,一般要求净化空调系统连续正常运行48h后才开始安装生产工艺设备。这些规定应在安装过程中认真执行,并做好记录,以备核查。

13.2.2 为使洁净室(区)内生产工艺设备的安装工程做到无尘或少尘作业,在生产工艺设备搬运、安装过程保护好已"空态"验收的各项"成品",在生产设备安装中所使用的材料应不散发(长期、包括正常运行产品生产过程）对产品有害的分子污染成分。本条对生产设备安装施工用辅助材料作出了有关规定，应予认真执行，并做好记录，以备核查。

13.2.3 本条规定洁净室（区）使用的机具不得搬至非洁净室（区）使用，非洁净室（区）使用的机具不得搬至洁净室（区）使用，以防止交叉污染或增加清洁、除尘、消毒灭菌的工作量。

13.2.4、13.2.5 这两条对洁净室（区）内的特殊基础的施工和在洁净室（区）内的墙板、吊顶和活动地板开洞施工作出了有关规定。

13.2.6～13.2.8 为防止在拆除生产设备外包装、内包装过程和表面不清洁等对洁净室（区）带来的污染以及在生产设备搬运过程可能对已经过"空态"验收的洁净室（区）带来不良影响或损坏洁净室（区）的墙体、地面，条文对拟搬入洁净室（区）的生产工艺设备拆除包装和搬运设备的搬入、搬运通道以及搬运机具作出了有关规定，应予认真执行，并做好记录，以备核查。

13.2.9 本条对洁净室（区）内的生产工艺设备的就位安装作出了有关规定，以保护相关的地面、活动地板，防止或减少对洁净生产环境的污染。

13.3 二次配管配线

13.3.1 本条规定了洁净室（区）内的生产工艺设备的二次配管配线施工安装的条件、施工安装要求，二次配管配线的主材、辅材的选择原则以及制作安装，支（吊）架、引下管线及其附件等的安装，这些规定是此类安装工程经验的总结，在二次配管配线施工安装中应认真执行。

13.3.2 为防止或减少对已"空态"验收的洁净室（区）的污染，作出了本条的规定。

13.3.3 由于二次配管配线直接与生产工艺设备相连接，有的还没有设置切断装置等，为了设备安全和不因冲（吹）洗、严密性试验造成生产设备损坏或影响其使用性能，作了本条的规定。

14 验 收

14.1 一般规定

14.1.1 本条是参照国际标准《洁净室及相关受控环境 第4部分：设计、建造、启动》ISO 14644-4 中的有关规定，将工程验收按竣工验收、性能验收和使用验收的三个阶段作出了规定。图 2 摘录 ISO 14644-4 的部分内容。

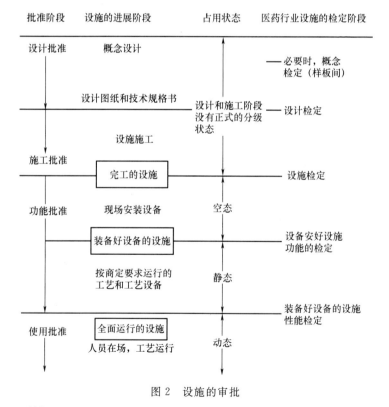

图 2 设施的审批

14.1.2～14.1.4 这三条是根据近年来国内的洁净厂房施工建造中的工程实践和广泛征求洁净厂房设计、施工、监理和使用单位的意见,经综合分析研究后作出的规定。

14.1.5 本条是根据国内洁净厂房建造的实际情况,并参照国际标准《洁净室及相关受控环境 第4部分:设计、建设、启动》ISO 14644-4中的有关要求作出的规定。

14.2 洁净厂房的测试

14.2.1 本条规定洁净厂房在进行各项性能检测之前,净化空调系统及其相关的公用动力系统如冷热源供应、水电供应系统等都应达到稳定运行状态,这里强调应正常运行24h以上,从而真正地做到"稳定"运行状态,在具体项目验收时应严格执行。

14.2.2 本条对检测用仪器仪表应具备的条件作出了明确规定。

14.2.3 本条明确规定了工程验收各阶段检测的目的,其规定的内容主要参照《洁净室及受控环境 第4部分:设计、建造、启动》ISO 14644-4的相关要求制订。

14.2.4 本条提出单向流洁净室、非单向流洁净室测试项目,并在表中列出检测、必要时检测和不检测的推荐。表14.2.4主要是参照国际标准《洁净室及相关受控环境 第3部分:检测方法》ISO 14644-3的相关规定和结合国内洁净厂房工程验收的实际情况制订的。

14.2.5～14.2.17 这些条文是对空气洁净度等级、微生物检测、风量和风速、静压差、高效空气过滤器安装后的检漏、气流流型、洁净室(区)的温度、相对湿度、密闭性测试、噪声、照度、微振控制、防静电等的检测作出了规定,这些条文的内容大部分是参照国际标准《洁净室及相关受控环境 第3部分:检测方法》ISO 14644.3及其附录的相关要求制订的。这里要强调的是,本规范中规定了各种空气洁净度等级的洁净室(区)内的高效空气过滤器安装后均应进行检漏;对于空气洁净度等级严于5级的洁净室(区),应对围护结构进行密闭性测试。

14.2.18 本条规定了洁净厂房的每项测试均应编写测试报告,并规定测试报告的主要内容,这是洁净厂房工程验收的重要依据,应认真执行。

14.3 竣 工 验 收

14.3.1～14.3.6 洁净厂房竣工验收时,对洁净厂房内各分部工程的观感质量核查、各类设备单机试车核查、无生产负荷的稳定运行核查作出了规定。

条文规定了洁净厂房竣工验收时,施工单位应提交的竣工验收资料和主要测试内容,其中有的测试项目只是单向流洁净室或非单向流洁净室需要进行检测的项目,如洁净室(区)的密闭性测试——只有严于5级的单向流洁净室,应进行测试;自净时间的测试——只有非单向流洁净室才需进行测试等。并且规定了洁净厂房的业主可以根据需要,提出需要进行的其他测试内容。

在国际标准《洁净室及受控环境 第4部分:设计、施工、启动》ISO 14644-4中,对竣工验收阶段应检查、测试的内容摘录如下:

 • 设备制造的批准(在供应方现场)

应该进行检查以确保所有部件和组件都与设计相符。检查内容应该至少包括下述各项:

(1)按照规格书进行完整性和质量的检验和测试;

(2)审批与安全规程、人体工程学的要求、相关的指导说明和标准的符合性;

(3)合格证的审批。

 • 设施的批准(在设施现场)

应该进行检查以确保设施的施工与设计相符。除上述内容之外,应该至少包括下述各项检查内容:

(1)设施的完整性;

(2)与其他供应商的衔接;
(3)公用设施和辅助设备的功能无误;
(4)所有控制、监测、警告和报警系统校准;
(5)末端过滤器的装配和原地测试;
(5)证实空气处理系统的备用能力;
(7)测试围护结构有无渗漏;
(8)确认循环风与新风的比例与设计规格书相符;
(9)设施的表面洁净度和适用性;
(10)成套备件。

14.3.7 本条规定洁净厂房竣工验收后,应由施工单位编写竣工验收报告的主要内容。

14.4 性 能 验 收

14.4.1 本条规定了洁净厂房的性能验收的目的。

14.4.2 本条明确规定洁净厂房性能验收的条件和测试的 9 项主要内容。在测试内容中有的项目应根据工程项目的产品类型、生产工艺要求、空气洁净度等级等因素进行选择,如密闭性测试、气流形式、换气次数、微生物测试、化学污染物测试等。制定本条条文时,参照了国际标准《洁净室及受控环境 第 4 部分:设计、施工、启动》ISO 14644-4 中的相关内容(C.2.4 功能的批准),现将其相关内容摘录如下:

完成竣工验收的检查并审批后,应该进行至少下述各项功能测试:

(1)测定洁净区的密闭状态;
(2)测量并记录污染控制自净时间;
(3)测定温度和相对湿度的保持能力;
(4)测定空气悬浮粒子洁净度等级;
(5)适当时,测定特殊表面的洁净度和微生物污染等级;
(6)测定光照级和噪声级;

(7)必要时,证实并记录气流形式和换气次数。

14.5 使 用 验 收

14.5.1 本条规定了洁净厂房的使用验收的占用状态和目的。制订本条时,参照了国际标准《洁净室及受控环境 第4部分:设计、施工、启动》ISO 14644-4中对使用验收的表述:应进行一系列的测量和测试,确定设施的各个部分都能有效运行,达到空态或静态所要求的条件。

14.5.2 本条明确洁净厂房使用验收的5项主要测试内容,其中第2款是根据产品生产工艺有要求时,有选择地进行测试;第4款是只有严于5级的洁净室(区)进行测试。制订本条条文时,参照了国际标准《洁净室及受控环境 第4部分:设计、施工、启动》ISO 14644-4中的相关内容(C.2.5批准使用),现将其相关内容摘录如下:

可以重复进行前面的某些测试来测定其与使用条件的一致性,即:

(1)确认洁净区的密闭状况;
(2)测定温度和相对湿度的保持能力;
(3)测定空气悬浮粒子洁净度等级;
(4)适当时,测定特殊表面的洁净度和微生物污染等级;
(5)检查文件资料的完整性。

附录 B 测试项目的选择和实施顺序

B.0.1 本附录的内容是结合我国各类洁净厂房的施工及验收实践,参照国际标准《洁净室及相关受控环境 第3部分:检测方法》ISO 14644-3 中的"附录 A 各种检测项目的选择和实施顺序"制订的,现将该附录的相关内容摘录如下:

(1)用于检测洁净室设施符合客户规定的性能验收条件或定期检测,根据洁净室设施的设计、运行状态等因素,选择测试项目并应按供需双方事先确定的检测项目顺序进行检测,以避免由于已检测的项目不符合要求,而进行其他不需要的检测,引起重复劳动。

(2)检测项目清单,表3是参照《洁净室及相关受控环境 第3部分:检测方法》ISO 14644-3 中的表 A.1 列出的洁净室的检测项目和仪器等的列表,检测顺序和检测仪器的选择由供需双方商定。

表3 洁净室的检测项目和仪器

选择检测项目和实施顺序	检测项目	检测规程参照条款	选择检测仪器	检测仪器	检测仪器参照条款	备注
	用于洁净度分级和测试的空气粒子计数	B.1		离散粒子计数器(DPC)	C.1	
	空气超微粒子计数	B.2		凝聚核计数器(CNC)	C.2.1	
				离散粒子计数器(DPC)	C.2.2	
				粒径限制器	C.2.3	

续表 3

选择检测项目和实施顺序	检测项目	检测规程参照条款	选择检测仪器	检测仪器	检测仪器参照条款	备注
	空气大粒子计数	B.3			C.3	
	通过收集样品进行的空气大粒子计数	B.3.3.2		显微镜观测采样滤纸	C.3.1	
				串级撞击采样器	C.3.2	
	不进行收集样品的空气大粒子计数	B.3.3.3		离散粒子计数器(DPC)	C.3.3	
				飞行时间粒径测量仪	C.3.4	
	风量与风速				C.4	
	单向流设施的风速测量	B.4.2.2 和 B.4.3		热风速计	C.4.1.1	
				3维或等效3维超声波风速计	C.4.1.2	
				叶轮风速计	C.4.1.3	
				皮托管与压差计	C.4.1.4	
	非单向流设施的送风风速测量	B.4.3.3		热风速计	C.4.1.1	
				3维或等效3维超声波风速计	C.4.1.2	
				叶轮风速计	C.4.1.3	
				皮托管与压差计	C.4.1.4	
	已装过滤器下游总风量测量	B.4.3.2		风量罩	C.4.2.1	
				孔板流速计	C.4.2.2	
				文丘里流量计	C.4.2.3	
	风管风量测量	B.4.2.5		风量罩	C.4.2.1	
				孔板流速计	C.4.2.2	
				文丘里流量计	C.4.2.3	

续表3

选择检测项目和实施顺序	检测项目	检测规程参照条款	选择检测仪器	检测仪器	检测仪器参照条款	备注
压差测量		B.5		电子微压计	C.5.1	
				斜管压力计	C.5.2	
				机械式压差计	C.5.3	
已装过滤器检漏		B.6			C.6	
已装过滤系统扫描检漏		B.6.2和B.6.3		线性气溶胶光度计	C.6.1.1	
				对数气溶胶光度计	C.6.1.2	
				离散粒子计数器(DPC)	C.6.2	
				气溶胶发生器	C.6.3	
				气溶胶物质	C.6.4	
				稀释装置	C.6.5	
				凝聚核计数器	C.2.1	
风管或空气处理机组上的过滤器检漏		B.6.4		线性气溶胶光度计	C.6.1.1	
				对数气溶胶光度计	C.6.1.2	
				离散粒子计数器(DPC)	C.6.2	
				气溶胶发生器	C.6.3	
				气溶胶物质	C.6.4	
				稀释装置	C.6.5	
				凝聚核计数器	C.2.1	
气流方向与可视检查		B.7		示踪剂	C.7.1	
				热风速计	C.7.2	
				3维超声波风速计	C.7.3	
				气溶胶发生器	C.7.4	
				烟雾发生器	C.7.4	

续表 3

选择检测项目和实施顺序	检测项目	检测规程参照条款	选择检测仪器	检测仪器	检测仪器参照条款	备注
	温度	B.8			C.8	
	普通温度	B.8.2.1		玻璃温度计	C.8.1	
				热电偶	C.8.2	
				电阻温度计	C.8.3	
				热敏电阻	C.8.4	
	综合温度	B.8.2.2		玻璃温度计	C.8.1	
				温度计	C.8.2	
				电阻温度计	C.8.3	
				热敏电阻	C.8.4	
	湿度	B.9		电容式湿度计	C.9.1	
				毛发式湿度计	C.9.2	
				露点传感器	C.9.3	
				干湿球湿度计	C.9.4	
	静电与离子发生器	B.10			C.10	
	静电	B.10.2.1		静电电压计	C.10.1	
				高阻欧姆计	C.10.2	
				充电监测板	C.10.3	
	离子发生器	B.10.2.2		静电电压计	C.10.1	
				高阻欧姆计	C.10.2	
				充电监测板	C.10.3	
	粒子沉降	B.11		代测板		
				双目复式光学显微镜		

续表3

选择检测项目和实施顺序	检测项目	检测规程参照条款	选择检测仪器	检测仪器	检测仪器参照条款	备注
	粒子沉降	B.11		粒子沉降光度计	C.11.1	
				表面粒子计数器	C.11.2	
				粒子发生器	C.11.3	
	自净时间	B.12		离散粒子计数器(DPC)	C.12.1	
				气溶胶发生器	C.12.2	
				稀释装置	C.12.3	
	隔离检漏	B.13			C.13	
	计数器法	B.13.2.1		离散粒子计数器(DPC)	C.13.1	
				气溶胶发生器	C.13.2	
				稀释装置	C.13.3	
	光度计法	B.13.2.2		光度计	C.13.4	
				气溶胶发生器	C.13.2	

表3中"参照条款"的编号是《洁净室及相关受控环境 第3部分:检测方法》ISO 14644-3中的编号。

附录C 测 试 方 法

C.1 空气洁净度等级测试

C.1.1~C.1.8 为了方便实施本节的相关要求,在本条文说明中列入2个空气洁净度等级计算实例,供参考。

(1)空气洁净度等级计算例1:

本例摘自国际标准《洁净室及相关受控环境 第4部分:设计、施工、启动》ISO 14644-1附录D中的例2,是为了说明95%置信度上限值计算对结果的影响。

规定一洁净室空气悬浮粒子洁净度动态时为ISO3级,采样点数目定为5个。由于采样点数目多于1个,少于10个,应计算95%置信度上限值。

只选择一种粒径限值($D \geqslant 0.1\mu m$)。

1)ISO 3级、粒径大于或等于 $0.1\mu m$ 的粒子浓度限值:C_n $(0.1\mu m) = 1000$ 个$/m^3$。

2)在各采样点仅采样一次,各点每立方米的粒子数目X记录见表4。

表4 采样点粒子数

采样点	1	2	3	4	5
$X_i \geqslant 0.1\mu m$	926	958	937	963	214

$D = 0.1\mu m$ 时各粒子浓度值小于(1)中规定的限值。这个结果满足了分级的相关规定,因此可进行95%置信度上限值的计算。

3)按公式计算总平均值。

$$\overline{\overline{X}} = \frac{1}{5}(926+958+937+963+214) = \frac{1}{5} \times 3998 = 799.6$$

取 800 个/m³。

4) 按公式计算采样点平均值的标准偏差。

$$S^2 = \frac{1}{4}[(926-800)^2 + (958-800)^2 + (937-800)^2 + (963-800)^2 + (214-800)^2] = \frac{1}{4} \times 429574 = 107393.5$$

取 107394 个/m³。

$S = \sqrt{107393} = 327.7$

取 328 个/m³。

5) 按公式计算 95% 置信度上限值(UCL)。单个平均值的数目 $m=5$,则按表选择的分布系数 $t=2.1$。

$$95\% UCL = 800 + 2.1\left[\frac{382}{\sqrt{5}}\right] = 1108(个/m³)$$

6) 所有单次采样量的粒子浓度均低于规定的分级限值,但是 95% 置信度上限值的计算表明,该洁净室的空气悬浮粒子洁净度不符合规定的级别。

本例说明,一个单次采样的限值外低粒子浓度(即第 5 个采样点)对 95% 置信度上限值计算结果的影响。因为空气洁净度未达标是由于该 95% 置信度上限值造成的,而这一上限值是由单个的低粒子浓度值造成,因此应记录、分析造成低粒子浓度的可疑因素,由相关各方协商认可。

(2) 空气洁净度等级计算例 2:

被测洁净室(区)面积为 1000m²,空气洁净度等级为 ISO5 级,规定受控粒子粒径为 $0.3\mu m(D_1)$、$0.5\mu m(D_2)$。根据测试结果确定在动态下是否符合规定的悬浮粒子允许浓度限值。

1) 规定的粒径均在现行标准 ISO5 级粒径范围,并符合 $D_2 \geqslant 1.5D_1$ 的要求。

2) 计算最大允许悬浮粒子浓度:

对大于或等于 $0.3\mu m$ 的粒子:

$$C_n = 10^5 \times \left[\frac{0.1}{0.3}\right]^{2.08} = 10176, 取 10200 个/m^3。$$

对大于或等于 0.5μm 的粒子:

$$C_n = 10^5 \times \left[\frac{0.1}{0.5}\right]^{2.08} = 3517, 取 3520 个/m^3。$$

3)按式(C.1.3)计算采样点数量:

$$N_L = \sqrt{A} = \sqrt{1000} = 31.62, 取 32。$$

由于采样点数大于 10,不计算 95% 置信上限。

4)采样点每次采样量(V_S)按公式计算:

$$V_S = \frac{20}{3517} \times 1000 = 5.69(L)$$

选用采样量为 28L/min 的粒子计数器。这一选择满足:$V_S >$ 2L、$C_{nn} > 20$ 个/m³ 的要求,其采样时间大于或等于 1min。

5)在每个采样点仅作一次采样(28L/min),测试得到的计数记录见表 5:

表 5 计数表(一)

采样点	粒子数 (≥0.3μm)	粒子数 (≥0.5μm)	采样点	粒子数 (≥0.3μm)	粒子数 (≥0.5μm)
1	265	58	11	135	17
2	66	48	12	168	16
3	195	18	13	85	15
4	125	28	14	95	12
5	134	18	15	188	11
6	165	16	16	162	0
7	172	8	17	68	25
8	74	9	18	58	35
9	105	7	19	202	15
10	115	38	20	222	0

续表5

采样点	粒子数 (≥0.3μm)	粒子数 (≥0.5μm)	采样点	粒子数 (≥0.3μm)	粒子数 (≥0.5μm)
21	212	8	27	128	2
22	178	9	28	108	3
23	158	10	29	98	4
24	142	12	30	138	6
25	118	13	31	148	8
26	116	0	32	118	9

（6）以测试数据,折算为每立方米的粒子数(X_i),见表6。

表6 计数表(二)

采样点	X_i(≥0.3μm)	X_i(≥0.5μm)	采样点	X_i(≥0.3μm)	X_i(≥0.5μm)
1	9464	2071	17	2428	893
2	2357	1714	18	2071	1250
3	6963	643	19	7213	536
4	4464	1000	20	7928	0
5	4785	643	21	7571	286
6	5892	571	22	6358	321
7	6142	286	23	5642	357
8	2643	321	24	5071	429
9	3750	250	25	4213	464
10	4107	1357	26	4142	0
11	4821	607	27	4571	71
12	5999	571	28	3857	107
13	3035	536	29	3500	143
14	3392	429	30	4928	214
15	6714	393	31	5285	286
16	5785	0	32	4214	321